可转债

新手理财的极简工具

王　军◎著

中国铁道出版社有限公司
CHINA RAILWAY PUBLISHING HOUSE CO., LTD.

图书在版编目（CIP）数据

可转债：新手理财的极简工具/王军著. —北京：中国铁道出版社
有限公司，2024.7
ISBN 978-7-113-31209-1

I.①可… II.①王… III.①财务管理-基本知识 IV.①TS976.15

中国国家版本馆 CIP 数据核字（2024）第 089556 号

书　　名：可转债——新手理财的极简工具
　　　　　KEZHUANZHAI：XINSHOU LICAI DE JI JIAN GONGJU
作　　者：王　军

责任编辑：马慧君　　　　　　　编辑部电话：(010) 51873005
封面设计：仙　境
责任校对：苗　丹
责任印制：赵星辰

出版发行：中国铁道出版社有限公司（100054, 北京市西城区右安门西街 8 号）
印　　刷：河北宝昌佳彩印刷有限公司
版　　次：2024 年 7 月第 1 版　2024 年 7 月第 1 次印刷
开　　本：880 mm×1 230 mm 1/32　印张：8.25　字数：170 千
书　　号：ISBN 978-7-113-31209-1
定　　价：58.00 元

前　言

　　本书是壹到拾学堂创始人王军 16 年来低风险投资理财的实战总结。作者以可转债为投资工具，设计了一套简明易学的低风险投资策略，将海量规则和策略精心提炼，使新手也能轻松上手，并获得 10% 以上的年平均收益。

　　具体内容包括：开篇和第一章，带领读者改变投资认知，建立财商思维，了解可转债概念；第二章，作者将大量规则提炼出最重要的五项，简明扼要、直击本质；第三章，介绍十个精选指标，通过建构一个策略模型，让投资进入"懒人模式"；第四、五章，介绍买卖策略，这是本书的核心所在，通过工具运用让交易自动化；第六章，介绍使用这套策略，将日、周、月、年乃至一生的投资与人生规划相结合，在投资成功获得财富的同时成为生活的赢家；第七章，介绍如何搭建低风险投资系统，帮助读者成为投资的战略高手；附录，介绍该理财系统的实践故事及常见问题的解答。

　　无论是普通上班族，还是有一定积蓄的企业主，都可以读一读本书。读完本书，可获得一套简明易学的可转债投资策略，每天只需 5 分钟，便能运用可转债进行投资，成为年收益高且稳定的理财达人，让资产保值增值。与此同时，在悟透低风险投资系统策略后，还可以复制到其他投资品种上，从此告别盲目投资。

本书倡导简明易学低风险投资策略，初衷是让您花 20% 的时间高效理财、实现财务自由，余下 80% 的时间，关注健康、家人、朋友、事业，最终在走向财务自由的同时，收获幸福的人生。

王　军

2024 年 5 月

目 录

—　　　打开思维，能解决 90% 的人生难题。

开　篇

改变投资认知，低风险才能持续实现高收益

如果拿 10 万元去理财，20 年后能获利多少？如果把 10 万元存银行，假设年化收益率 3%，第 1 年年底会获得 3 000 元收益，本金加收益共有 103 000 元；第 2 年把这 103 000 元一起再次存入，依然年化收益率 3%，会获得 3 090 元收益，第 2 年年底收益与本金累计变成 106 090 元。以此类推，每年都把收益再投入进去，20 年后的收益见表 0.1。

表 0.1　复利表：初始本金 10 万元的不同复利结果

（单位：元）

时　　间	年化收益率 3%	年化收益率 15%	年化收益率 30%
第 1 年年底	￥103 000	￥115 000	￥130 000
第 2 年年底	￥106 090	￥132 250	￥169 000
第 3 年年底	￥109 273	￥152 088	￥219 700
第 4 年年底	￥112 551	￥174 901	￥285 610

续上表

时　间	年化收益率 3%	年化收益率 15%	年化收益率 30%
第 5 年年底	￥115 927	￥201 136	￥371 293
第 6 年年底	￥119 405	￥231 306	￥482 681
第 7 年年底	￥122 987	￥266 002	￥627 485
第 8 年年底	￥126 677	￥305 902	￥815 731
第 9 年年底	￥130 477	￥351 788	￥1 060 450
第 10 年年底	￥134 392	￥404 556	￥1 378 585
第 11 年年底	￥138 423	￥465 239	￥1 792 160
第 12 年年底	￥142 576	￥535 025	￥2 329 809
第 13 年年底	￥146 853	￥615 279	￥3 028 751
第 14 年年底	￥151 259	￥707 571	￥3 937 376
第 15 年年底	￥155 797	￥813 706	￥5 118 589
第 16 年年底	￥160 471	￥935 762	￥6 654 166
第 17 年年底	￥165 285	￥1 076 126	￥8 650 416
第 18 年年底	￥170 243	￥1 237 545	￥11 245 541
第 19 年年底	￥175 351	￥1 423 177	￥14 619 203
第 20 年年底	￥180 611	￥1 636 654	￥19 004 964

通过表 0.1 可以看出，10 万元存银行，20 年后累计变成 18 万余元。但如果年化收益率 15%，会变成 163 万余元；而年化收益率 30%，会变成 1 900 万余元。理财收益率不同，财富积累会相差十倍甚至上百倍。因此，应该争取更高的收益率。

复利是世界第八大奇迹。

假设投资获得较高收益有两种方式：第一种是第一年能够获取 60% 的收益，但第二年会亏损 30%；第二种是第一年和第二年都能获得 10% 的收益。

简单计算一下：第一种的收益是 $1 \times 1.6 \times 0.7 = 1.12$；第二种的收益是 $1 \times 1.1 \times 1.1 = 1.21$。也就是说，如果投入 100 万元，第一种最终会获得 112 万元，赚了 12 万元；第二种会获得 121 万元，赚了 21 万元，两者相差很大。

虽然这看起来像是一道简单的数学题，但其实背后隐藏着一个非常重要的理念，那就是：持续低风险才能够持续高收益。

虽然很多人都知道高收益伴随着高风险，但他们仍然会尝试做高风险的投资。但这样做很容易亏损，因为高风险意味着风险不可控。如果一直处于高风险的状态，最终会在某个时刻掉进陷阱。所以，如果想持续高收益，必须选择低风险的投资方式。

低风险并不意味着只能低收益，低风险且高收益的投资方式就像后备军一样，可以抵抗敌人的攻击，也可以蓄势待发进行突袭。这样就可以在不利的时期保存自己的实力，在有利的局面时果断出击，最终获得胜利。

创业也是一样的，低风险创业是可以成功的。樊登老师有一本叫《低风险创业》的书，就是讲创业时要选择低风险的方式。因为创业一旦进入高风险的状态，就很容易失败，或者赚了一段时间钱后又亏损了。投资也需要选择持续低风险的方式，才能够获得持续的高收益。

持续低风险才能持续高收益。

所以，请记住这个理念：持续低风险才能持续高收益。把它分享给家人和朋友，让他们也了解这个重要的理念。在投资的时候，选择低风险的方式，才能获得更好的投资收益。

那么，如何才能做到低风险且高收益呢？本书重点用一种投资工具，来深度解析持续低风险才能持续高收益这一理念，并详细介绍达成的方法。

利用规则是专业投资者的法宝。

第一章

快速入门：可转债如何实现低风险高收益

　　别再陷入低风险低收益的泥潭，也别盲目追求高风险高收益，免得最后一无所获。真正的投资高手都有个诀窍：选择低风险、高收益的投资方式。就像短兵相接，需要有件锋利的兵器。想要享受持续的高收益，可转债就是你需要拥有的"绝世神器"。

　　在投资的世界里，很多人唉声叹气，说投资像走钢丝，极其危险。其实很大原因是他们对可转债这种投资工具不了解。花一个月时间学习后，就能实现年化收益率10%，很多人都能靠可转债实现财务自由。

　　现在，一起来探索这种低风险高收益的"神器"——可转债，它将为投资者打开一扇财富的大门，帮助实现财务自由，让理财不再高风险。

第一节

一张神奇的 100 元借条，你一定后悔没早认识它

可转债的全称是可转换公司债券，本质是上市公司向投资者发行的一种债券，通俗来说，就是借条。不过，它并不像普通的借条那样无聊、单调，它可以带给你一个神奇的功能——变成股票！这不是开玩笑，当你拥有了这样的债券，就像拥有了一个魔法棒，可以随时把它变成股票！

下面用一个"大饼店发行大饼兑换券"的故事来阐释这个原理：

想象有一个卖大饼的商店，店家发布了一种大饼券，每张大饼券面值 100 元。这张券的规定是：无论何时，都可以按照每个 10 元的价格兑换大饼，无论大饼价格上涨或下跌。举个例子：如果大饼的价格涨到每个 15 元，仍然可以用一张券兑换 10 个大饼，相当于每个 10 元的价格，非常划算；如果不想兑换大饼，可以将大饼券转卖给他人，他人可以用大饼券按每个 10 元的价格兑换 10 个大饼，价值 150 元。这意味着，大饼券的价值可能

升到 150 元，也就是投资增值了。假设大饼的价格一直下跌，每张兑换券依然只能兑换 10 个大饼，所以兑换券的价值会下降。但这种情况下，可以有另一种选择：一直持有这些大饼券。几年后，大饼店会以 105 元的价格收回每张大饼券，并且每年还会支付利息。这样的大饼券，你觉得如何？

实际上，这个故事中的大饼店就相当于一家上市公司，而大饼则类似于该公司的股票，而大饼券则相当于该公司发行的可转债（见图 1.1）。

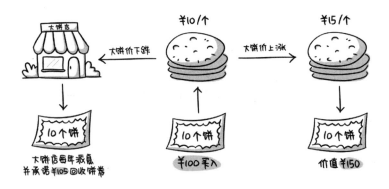

图 1.1　大饼券的发行

可转债这张神奇的债券，让投资者既能享受每年固定的利息，又有机会在股票价格上涨时获得更多的收益。如果投资者不打算将其转换成股票，可以像持有普通债券一样，每年获得一定的利息，到期后上市公司还本付息。可转债的魅力不容置疑，因为拥有转换股票的权利，它的利息相对较低，每年仅有 1 ~ 2 元。可牺牲一点利息，却为未来获得更大的收益铺平了道路。

在不了解可转债之前，我像许多股民一样，常常陷入盲目炒股的陷阱。亏损连连的日子里，经常睡觉都带着股票噩梦。后来，选择投资可转债，终于能够内心安定了。可能有人会疑惑，可转债是如何做到这一点的？要解答这个问题，需要从它的安全性说起。

选择大于努力，选对投资品种很关键。

第二节

拥有安全底线，告别股市亏损

一、各种投资品的安全性对比

巴菲特有句名言："成功的秘诀有三条。第一，尽量避免风险，保住本金；第二，尽量避免风险，保住本金；第三，坚决牢记第一、第二条。"这句话教导我们，在进行任何投资之前，首要考虑的是如何保护本金，而不是一味追逐高收益。许多人只想着投资获利，却没意识到各种金融骗局的目标就是他们的本金。

如果不懂得背后的逻辑，最后只能是血本无归，惨淡收场。因此，在进行任何投资之前，需要先调查其安全性，只有确保能够稳定盈利，才能实现财富持续增长。投资投入的是真金白银，保护本金就像保护眼睛一样重要，所以需要研究投资工具的违约率。

可转债的安全性如何，先来看一组央行及证监会公开的统计数据，近30年各种投资品的违约概率（见表1.1）。仔细比较一下，会发现可转债近30年的违约率其实已经接近国债和银行存款的安全水平。当然，可不要误把可转债当成国债或者银行存款。对于普通家庭的主力资金，不推荐把它们全都投入国债或者银行存款，因为这些投资的收益太低了，连通货膨胀都赶不上。这是就其收益性来说的，具体会在后面的章节解释，本章集中研究安全性。

表 1.1　各类投资品近 30 年的违约率

投资品	国债 / 银行存款	可转债	普通债券	股票	资金盘类
近 30 年的违约率	0	0	0.2% ~ 1%	2% ~ 6%	大部分

二、为什么可转债会如此安全

发行可转债的规定看上去都是些无足轻重的数字，实际上它们却像紧箍咒一样，保证发行可转债的上市公司具备足够的优秀特质。

第一条规定，具备发行可转债资格的公司必须连续 3 年实现盈利，并且净资产收益率必须在 10% 以上。举个例子，如果一家公司拥有 10 亿元资产，那么每年至少要盈利 1 亿元以上，且连续 3 年。只有满足这一条件，才会被法律认可为合格的公司，才具备发行可转债的资格。

第二条规定，发行可转债后，公司的资产负债率不能超过 70%。这意味着债务负担太重的公司不够可靠，它们别想发行可转债。

第三条规定，累计债券余额不能超过公司净资产额的 40%。这条规定更是加强了对债务风险的控制，强调发行的公司必须有足够的资金实力，借钱也要适度。

第四条规定，上市公司发行可转债必须符合首次公开发行（IPO）的条件。这就意味着决定发行可转债的时候，公司需要接受审查，保证公司的运营非常稳健，就像刚上市时那样，充满活力、吸引眼球。

这四条规定相当严格，确保发行可转债的上市公司有较高的素质和可靠性，大大提高了投资可转债的安全性。

如果对比公司发行普通债券（非可转债，以下简称为债券）的条件，那么可转债的安全性就更加显而易见。

我们详细了解一下公司发行债券的两个基本条件：

首先是资产条件，股份有限公司的净资产不低于人民币 3 000 万元；有限责任公司的净资产不低于人民币 6 000 万元。与发行可转债相比，这个要求相当宽松。对于大多数上市公司来说，达到净资产标准并不难。而且，发行债券并没有硬性要求必须是上市公司，非上市公司也可以发行债券。而发行可转债就比较挑剔，发行的公司必须是符合条件的优质上市公司。

其次是可分配利润的条件。公司最近三年可分配的利润必须足以支付债券一年的利息。以发行可转债的标准为例，假设公司资产为10亿元，要求每年要赚取10%的利润，也就是至少要盈利1亿元才能获得发行可转债的许可。而发行债券，只需要确保公司每年能够赚取足够支付债券利息的利润即可。例如，对于同样拥有10亿元资产的公司，要获得发行1亿元债券的许可，只需要每年赚取500万元以上的利润支付利息即可。

可见，公司发行债券的条件比较容易达到，毕竟不像发行可转债那么挑剔。相比之下，发行可转债对于发行公司的质量和条件都有更高的要求。这些条件确保了可转债具备较高的可靠性。

发行债券的条件相对于发行可转债确实较低，但这并不意味着债券不安全。实际上，在2018年，有些公司陷入资金困境，无法偿还之前的借款，债券遭遇了一些违约情况。不过，根据央行的统计数据，整个中国债券的违约率仅为0.39%，相当于100元债券中只有0.39元无法兑现。这说明债券这种投资品实际上也是相当安全。在投资市场上，有句流传甚广的话：工薪炒期货，中产炒股票，富裕守债券。说明债券很受欢迎，得到高收入群体的偏爱。然而，可转债比债券还要安全得多。

接下来，将债券与大众熟悉的股票进行比较。截至2023年，经过 30 多年的发展，中国股市的股票退市率接近 6%。这意味着如果投资者手握 100 只股票，大约有五六只最终会退市，相当于违约，投资本金消失。有个新手投资者告诉我，他好久没登录他的证券账户，结果重新登录后发现他之前买的股票全都消失了，这就是股票退市的情况。

通过这两种情况的对比，可以看出债券的 0.39% 违约率风险非常低。可转债在过去的 30 年里每一只都是 100% 兑付或转股的，并且自 1993 年发行第一只宝安转债以来，可转债就一直保持着无与伦比的 100% 盈利纪录。

所以，从投资安全性来看，债券是较好的选择，而可转债更是能让投资者睡得香甜的选择。

三、如何判断一个投资项目的安全性

除了看统计数据，判断一个投资项目的安全性，要特别注意两个方面：

1. 看人

看谁在主导项目。最好是国家主导。可转债在证券交易所上市交易，知道上市公司是国家优秀公司的代表，发行可转债的公司更是精挑细选的优质上市公司，所以投资安全性才有保证。

2. 看事

看项目靠什么获利。可转债背靠上市公司，公司业绩一涨，

股票就跟着涨,可转债也跟着涨。可以看出可转债获利是可靠的。

在选择投资品上,我曾经犯过错。刚上班时,我只知道把工资放在银行活期账户里,看到钱越攒越多,内心时常萌生"我有钱啦"的幸福感。直到有一天妈妈告诉我:定期存款的利息比活期高。我才第一次意识到原来还有利息这种神奇的东西存在,于是我开始存定期存款。当然也是带着各种担心,怕取不出来,怕短期存款利息太低……所以,特意分了几笔定期存款,有 6 个月存期的,还有一年以上存期的。当时还为自己的"精明头脑"沾沾自喜。后来才明白,这纯粹就是菜鸟中菜鸟的做法!因为跑不赢通货膨胀,钱还是会贬值。

为了不让存款贬值,也为了获得更多收益,2007—2008 年我学着炒股,刚开始股票上涨特别开心,后来本金亏损超过80%,便经常做有关股票的噩梦。家人甚至误入资金盘,我父母把辛苦攒下来的血汗钱投给别人,资金有去无回,甚至养老积蓄都没了,说起来都是泪。

所以,做任何一项投资前,首先要研究安全性。当然,光有安全性还不够,就像国债、银行存款很难跟上通货膨胀,还需要有收益性。下一节就来探寻可转债是如何带来持续高收益的,如何能赚确定性的钱,稳稳地变富。

> 赚确定性的钱,稳稳地变富。

第三节

如何跑赢通胀，轻松实现年收益超 10%

想通过可转债投资实现年收益率 10% 并不难，但必须研究清楚公司发行可转债的逻辑及需求，掌握上市公司的核心利益点，运用上市公司的力量达成收益目标才是根本。

首先，需要搞清楚：上市公司为什么要发行可转债？上市公司发行可转债有两个主要原因：第一，它们想以更低的利息借钱；第二，这些借来的钱可以不还。

公司发行债券，每 100 元每年要付 4 ～ 5 元的利息。如果发行可转债，每 100 元每年只需付 1 ～ 2 元的利息。这是多么省钱的一笔买卖啊！更重要的原因是：上市公司根本不想还这笔钱，它们希望投资者把可转债变成股票。按照约定，只要公司股票涨价，可转债的投资者就会被吸引，把可转债转换成股票。一旦转换成股票，投资者就成了公司的股东，股东的钱是不需要还的！股东想要把股票变成现金，只能把股份卖给别人。而可转债不同，到期时需要还本金和利息。听起来有点像上市公司耍的把戏，但可转债投资者其实乐意参与，因为这是一个双赢的设计：可转债投资者因为股票上涨获利一笔，上市公司也不用还钱。提醒一下，获利的事情往往都是双赢的，可转债也不例外（见图1.2）。

图 1.2 可转债的双赢设计

可转债究竟能获利多少呢？来一起揭开可转债的历史面纱，查询 Wind 金融资讯 2001—2023 年可转债的数据统计（见图1.3）。

图 1.3 Wind 金融资讯 2001—2023 年可转债的数据统计

一张 100 元的可转债，本来约定存续 6 年后还本付息，但事实上，平均只需要 2.5 年，它们就纷纷变身成了股票，说明在短短的 2.5 年里，股票基本都上涨了。毕竟，只有行情上涨，才能促使可转债变成股票。最终，这些可转债的退市价平均达到了每张 163 元。100 元的可转债经过 2.5 年就成了 163 元，年化收益率高达 21.58%！这可比巴菲特还厉害！他的年化收益率也就 20% 左右（当然，巴菲特的资金量很大，所以很难超过 20%。在他早年资金量较小的时候，他的年化收益率远超 20%）。

这就是可转债双赢的惊人魅力。相比可转债，股票投资就有点力不从心了。许多人买了股票后，十年过去了，还是回本无望。就拿中国石油股票来说（见图 1.4），2007 年投资者以每股 40 多元买入，到 2023 年它已经跌到只剩每股几元了。整整 16 年，投资者们连本都没能回来，真是让人欲哭无泪。许多股民不禁开玩笑说，这些股票都是留给儿子的遗产，甚至要留给孙子们才能回本。

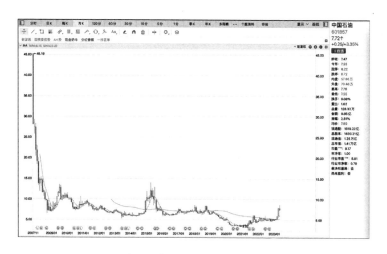

图 1.4　中国石油股票 2007—2023 年价格走势

从统计数据来看，可转债投资非常有优势，简直就是投资界的一匹黑马。它为什么会如此成功，逻辑又在哪里呢？

第四节

可转债让新手秒变专业投资者

网上有个段子，说有位女士在深圳拥有五套房产，还有5 000万元的存款，身价过亿。她去北京办事，顺便找一位老同学聊聊炒股，希望同学给她点建议，看看有什么好的投资项目。这位同学从2018年的行情一直讲到2021年，从国际贸易争端到××炒作，从新能源到大消费，从元宇宙到人工智能，甚至从预制菜到数字经济，各种赛道都讲了个遍。这位女士听得一头雾水，感叹："虽然你们这些炒股的人没多少收益，但是懂的东西真多啊！"

这就是投资市场里有意思的现象，炒股费尽心思，赚到的却比不上那些随便买几套房产就资产翻倍的人，而且还不用操心。很多人只是跟风买房产获了利，但是其中大部分人并没有真正搞明白为什么房产更容易获利。接下来，从五个方面对比房地产和可转债。你不但会恍然大悟，还会惊喜地发现：原来可转债就是"股市里的房地产"。

一、租金收入：利息收入

房地产有租金收入，可转债每年给利息。例如，你有一套价值 100 万元的房产出租，一年的租金大概是 1 万～ 2 万元。而你有一张价值 100 元的可转债，一年的利息是 1 ～ 2 元。这两者的收入比例竟然非常相似！每年都是总资产 1%～ 2% 的租金或利息收入回报。

二、地价保底：面值保底

房地产有地价保底，可转债约定按面值还本。或许投资者对房地产的地价保底一无所知，下面来解释。

每次房价下跌到一个相对较低的水平时，就会有各种各样的传言。把那些不明真相、本来犹豫不决的普通家庭吓得不敢买房。然而，他们却因此错过了买房的好时机，结果越等房价越涨，最后只能在高点买房。

现实中就有这样的例子，同一批人，一年前还在犹豫不决、希望房价下跌，买到更划算的房产。转眼间一年过去了，他们的想法 180 度大转弯，开始担心如果不买房，房价会继续上涨。结果，他们花了更多钱买房，还背上了更沉重的贷款负担。这就是他们错误认知的代价。房子是用来住的，在需求点买房，就是最合适的买房时机。但房产也有底线，也可以关注底线，让购房更具性价比。

其实，政府拍卖的地价就是明摆着的底线，再加上开发商盖楼的成本，稍微算算就能知道房价的底线在哪里。比如，若政府土地转让价为每平方米 1 万元，开发商购买地块并盖好房子的总成本基本要达到每平方米 1.6 万～1.7 万元。如果房价卖得太便宜，开发商就会亏本，甚至破产。开发商购买地块的资金大多来自银行贷款，如果开发商破产，银行的贷款就会遭受损失；如果银行遭受巨大损失，整个社会都会受到极大的影响。

所以，经常看到各地房价下跌后，政府会采取一些政策来刺激购房需求。如果价格一直低位，开发商甚至会选择暂停销售。实际情况是市场太冷淡了，开发商不敢以过低的价格卖房，这不仅是怕赔钱，还担心引发多米诺骨牌效应。

为了保底，各种刺激政策就会让房价保持稳定。而可转债因为有合同约定要还本付息，再加上上市公司不想还钱，只想转股，结果就导致了一轮下跌后的反弹和转股。最终，这种保底规则让房地产和可转债的投资者更容易获利。相反，如果是股票投资，就像前面提到的中国石油股票的例子，上市 16 年了还没回本，可真是无限期的煎熬！

可见，房地产的地价保底，可转债的面值保底，这两者有相似之处。

利用规则是专业投资者的法宝。

三、过热限价：涨幅限制

房地产涨价到一定程度，政府就开始发布政策，甚至规定银行收紧贷款，就是要给房价来个"降温"。可转债也是一样，当上涨到一定程度时，上市公司就会发布公告，催促投资者赶快转股。如果投资者还不愿转股，上市公司就会拿出绝招，强制还投资者100元本金，然后结束合同！

限价这一招，简直就是投资者的救星。因为它等于直接告诉投资者该在什么时候卖出，这种好事，在其他投资品上是很难遇到的。比如，投资者买了股票，啥时候卖才合适，从来都没有哪个权威机构来告诉你。但是房产和可转债不一样，它们有明确的提示，地价保底、过热限价，这就是为什么房产和可转债投资比股票更容易获利的重要原因之一。所以，找对了投资品，就能秒变专业投资者。不是因为聪明过人，而是因为规则的设计让投资者更容易成功，就像是玩游戏时有窍门一样，可以轻松获得胜利！

四、房产经济周期：可转债2.5年左右转股

房地产的周期总是跟随着经济发展的节奏，一般3～7年一个循环，高低起伏不断。而股市就更不得了，波动快得像过山车。所以，股票一旦上涨起来，大家都迫不及待地把手里的可转债换成股票，生怕后面过山车似的下跌。可转债平均每2.5年就会上涨，这导致投资者转换成股票时能够获得丰厚的收益，借钱合约

也顺利结束。

这种周期循环的规律非常有用，尤其对于家庭理财规划。不少人做理财规划时，他们常常提到几年后要买房、给孩子攒教育金，或者为自己的购物和养老攒钱。如果知道有一种投资工具，投入100元，平均2.5年左右就能变成163元，那理财规划就一目了然了。知道什么时候买入、什么时候卖出，投入本金大致能升值多少，每年还能获得一些利息回报，这样的理财规划简直太舒心了。

通过上面四点对比，可转债简直就像房地产的亲兄弟。所以，可转债就是"股市里的房地产"。优质的投资品几乎都有相似之处，而劣质的投资品则各有各的花样（比如各种欺骗本金的金融骗局或乱炒股）。

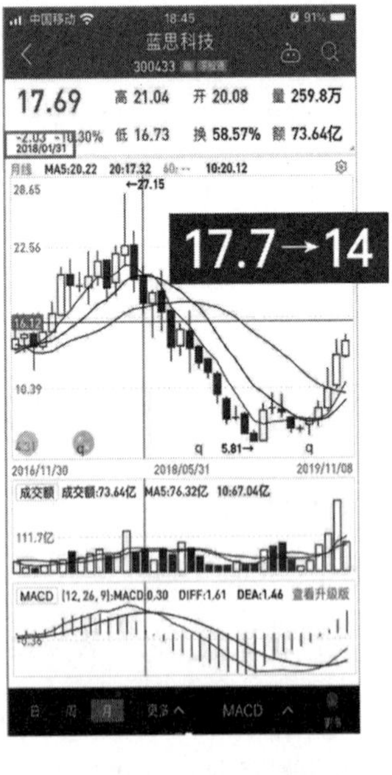

其实，还有一个隐藏的秘密，一旦捅破这层窗户纸，投资者的投资能力就会瞬间飞跃。优质投资品的核心秘密就是：投资者的利益真正和强势资源方的利益绑定在一起。假如，这本书看完什么都没记住，甚至都没看完，但只要记住这句话，以后的投资之路也会更顺利，至少不会没方向地踩坑。以蓝思科技公司为例，看看什么叫作投资者的利益真正绑定强势资源方（上市公司）。

图 1.5　蓝思科技股票走势图

图 1.5 是蓝思科技股票在

2018—2019 年一年半的走势，价格从每股 17.7 元跌到了 5 元多，然后又涨到了 14 元。总体来说，这段时间亏了 20%。

与此同时，可转债在同期的走势（见图 1.6）则是从每张 100 元下跌到了 88 元，差不多跌了 10 个点，但后来却一下子涨到了 140 元。

如果有人在同一个时间段投资 100 万元购买了蓝思科技的股票，经过一年半的时间，他的本金只剩下 80 万元；如果选择购买了该公司的可转债，同样的时间却增长到了 140 万元！这个例子展示了在同

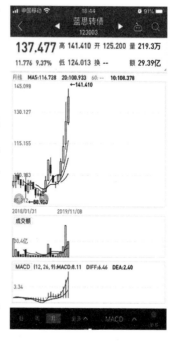

图 1.6 蓝思转债走势图

一个市场、相同的投资金额，因为不同的品种选择而导致完全不同的结果。也验证了人们常说的一句话：选择往往比努力更重要。

这也是普通投资者最容易犯的错误，认为买所谓的好股票就是利益绑定上市公司。认为国家支持科技发展，蓝思科技股票价格每股 17 元不算贵，然后照着业绩、价格趋势、行业分析一通操作，自己成了公司小股东，只等着收钱。其实错了！上市公司更关心的是怎么让可转债转股而不用还钱，这才是它们的真实利益所在。数据和案例很明显，但其中的逻辑和详细规则，先留个悬念，将在第二章第二节揭晓。

第五节

规律简单易掌握，才更容易获利

一、规律简单易掌握，更容易获利

要寻找一个价格波动范围简单明了的投资品种，就像买房产一样，能够轻松把握什么时候该买入、什么时候该卖出。想象一下买房产的情形，当房产跌到底价附近时，就可以毫不犹豫地入手；可是当政策明显不再支持房地产时，就需要提前卖出，避免成为接盘侠。

现在来看几个实例。

蓝标转债（见图 1.7）的价格波动范围在每张 100 ～ 140 元之间来回晃悠。开始的时候，它的价格从每张 100 多元一路下滑到 84.9 元，不过后来神奇地止住了下跌趋势，反而开始上升，最终居然涨到了 149 元！可转债的价格就像一只小兔在布袋里蹦跳，再怎么折腾，还是很难突破那个布袋。

图 1.7　蓝标转债价格波动图

　　国贸转债（见图 1.8）也是一样的情形。价格最低跌到每张 101 元，最高涨到每张 142 元，还有时候在每张 130 元左右晃荡，但都在这个波动范围内。

　　广汽转债（见图 1.9）同理，价格在每张 98～136 元之间波动。因此，这个规则非常简单易懂，只要找到波动范围简单易掌握的投资品种，就会更容易获利。当然，可转债的价格虽然也有可能飙升突破每张 140 元，但那时候风险相对较高，一般普通投资者和理财新手就不太好掌握了。

　　这就是可转债的好处，简单易操作，它们都在一个相对稳定的价格范围内来回波动。哪怕是投资新手，也能轻松掌握。如果投资股票，就很难掌握了。我记得 2008 年炒股的时候，买了中国远洋的股票，观察了一年，价格从每股 68 元跌到 15 元以下，

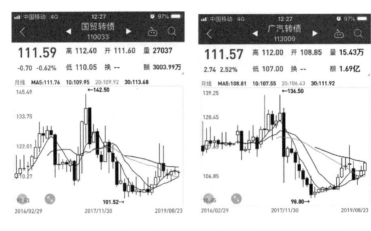

图 1.8　国贸转债价格波动图　　　图 1.9　广汽转债价格波动图

整整跌了近 70%！我当时觉得它已经便宜得不能再便宜了，于是决定入手。结果，不到两个月，价格又跌了一半！坏消息让我整夜睡不好，心力交瘁。最后在巨大的压力下，我把所有股票都卖掉了。两个月时间，我的本金亏损超过 50%！股票就没有可转债那样的价格波动规律，所以我更喜欢规律简单、有波动范围的可转债。

二、交易灵活，机会更多，更容易获利

可转债交易采取 T+0 的模式。T+0 的意思是今天买入某只可转债，当天就可以卖出去。不像股票，需要等到下一个交易日才能卖出。T+0 方式不仅让交易灵活方便，还有其他更大的优势。

举个例子：有一只可转债当天买入后突然飙升，价格从每张110 元直接飙升到 140 多元，不要紧，依据卖出策略设置的条件单，

软件会在当天自动帮忙卖出，立即获利。可是，如果投资者买的是股票呢？就需要等到第二天才能卖，糟糕的是也许股票价格早就跌了。这就是可转债 T+0 的灵活性，而且所有操作都由软件自动完成，投资者可以放心工作、放心生活，不必一直盯着手机或电脑。

三、免税，省得多，更容易获利

大多数人都喜欢省钱，可转债的手续费可比股票便宜多了，不仅手续费低，连税也免去了。

比如，股票交易 1 万元，证券公司收取 1.5～3 元的手续费。要是投资者对这行不太了解，有些证券公司甚至会在投资者开户的时候就默认收取 5 元、10 元甚至更多的手续费。而可转债交易 1 万元，只收取 0.8 元手续费！另外，卖出 1 万元股票还得交 10 元的印花税，而可转债完全免税！两种费用加起来，买卖一次股票的费用比可转债高了近 10 倍！省下的钱，可都是赚到的，可以去享受生活啊。

千万别小看那几元钱的费用！平时大家都不太在意，也不愿意跑去证券公司查账，结果自己到底花了多少费用都成了一笔大糊涂账。现实可能是：不查不知道，一查吓一跳！我当初炒股的时候，本金只有 10 多万元，结果每年交易费用竟然接近 10 万元！后悔莫及，一年的费用都能养一个证券公司的员工了，炒股还指望赚什么钱呢？

不仅如此，可转债买卖获得的收入按照国家规定可以免税。

比如，投资者投资可转债一年获利 10 万元，按法律规定不需要交一分钱的税。可是，投资者要是做其他买卖，也获利 10 万元，就需要交 20% 的个人所得税，还有各种各样的其他税费，到手的钱可能只剩下几万元。如果投资者是个上班族，创造了 10 万元的价值，减去老板拿走的部分和公司抽取的利润，真正到手的钱就更少了。同样的努力，不同的选择，结果真是千差万别。所以，大家常说有些人获利多，但缴纳的税却很少，而且还完全合规合法。因为有些人更有财商，懂得投资，懂得规则。

关于可转债的介绍就到这里。你是不是已经跃跃欲试，想要尝试投资可转债了呢？第二章开始研究可转债的规则。如果对可转债比较熟悉，可以看看是怎样简化可转债规则的。

本章小贴士

如果投资者想在证券市场上寻找一个既安全又有高收益的投资品种，可转债就是一个相当不错的选择。可转债安全又有前途！

可转债是一种特殊的公司债券，利率相对较低，却可以随时转换成公司股票。而且，公司发行可转债的门槛也比普通债券高得多，这使得它具备了安全又收益高的优势。

可转债有五大优势（见图 1.10），让它成为一款非常容易投资的金融产品：第一，规则简单易掌握，价格波动范围也相对稳定；第二，核心利益绑定了强势资源方，投资者在投资过程中更有信心和保障；第三，收益率高，安全性好；第四，交易灵活且免税，可以随时 T+0 交易，当天就能卖掉；第五，交易手续费用相对便宜，省下一大笔费用。

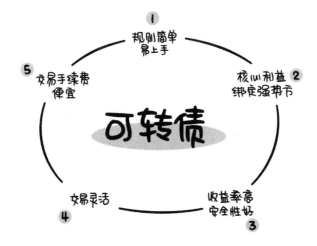

图 1.10　可转债的五大优势

当然，在进行可转债投资的时候，也要注意一些要点。首先，了解发行条件及相应的风险是必不可少的，免得投资中亏本。其次，掌握一些基本的操作技巧也很重要，比如什么时候买入、什么时候卖出等。

在投资过程中，要尽量避免因手续费等开销而亏损。要确认自己的交易费用，并且对证券公司的收费方式有所了解。否则，可能会为手续费付出巨额代价，真是得不偿失！

金矿到处都是，但大部分人没有经过相应的培训，所以发现不了它们。

——罗伯特·清崎

第二章

基本规则：你只需要知道这五项

第一章介绍了可转债的低风险高收益特性，本章将深入研究可转债的主要规则。通过可转债获利很容易，但真正懂得运用规则的人却寥寥无几。很多老股民放弃了可转债，其中一个原因就是可转债的规则看起来十分复杂，让人望而却步。规则本身的确有些枯燥，不少专家在介绍可转债时，把规则讲得很复杂，结果吓跑了那些理财新手。也正因为可转债规则的复杂性阻挡了很多人，所以这条投资获利之路并不拥挤。如果能够将规则化繁为简，抓住其中的核心要点，那么获利目标实现就会指日可待。这也是我自 2019 年以来一直努力做的事情：将那些难以理解的投资知识变得通俗易懂、简单明了，让普通人也能通过理财投资实现财务自由。

事实上，有许多伙伴通过一个月的学习就掌握了年收益 10% 的本领，还有很多伙伴的理财收入已经超过了他们的工作收入。那么，一起来尝试轻松掌握可转债最重要的五项规则吧！可以把它称为"烤饼五大绝招"，让投资者能在投资的厨房里烤出一个个大饼。一起来开启赚钱之旅吧！

接着第一章的大饼店对外发行大饼券的故事：假设你要去这家大饼店买大饼，大饼的市场价是每个 10 元，你可用 10 元立即买一个饼，也可买一张面值为 100 元的大饼券，以后按照大饼约定价每个 10 元，兑换 10 个大饼（见图 2.1）。

如果大饼店的饼越来越受欢迎，价格上涨到每个 13 元，那么你仍然可以用 100 元的大饼券，按照约定价每个 10 元，兑换 10 个大饼。你还可以转卖你的大饼券，能获得不错的利润。此时，

大饼店按约定有权要求你立即兑换大饼，否则可以按每张 100 元
的价格回收你的大饼券（见图 2.2）。

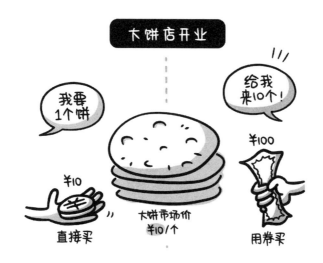

图 2.1　购买大饼的两种方式

图 2.2　大饼涨价时大饼券的兑换规则

当大饼价跌到每个 7 元以下时，按约定，你用 100 元的大饼券依然只能兑换 10 个大饼。此时按约定，你可以要求大饼店按每张 100 元回收大饼券。除非，按照特殊约定，大饼店愿意打折为你兑换大饼，比如按每个 7 元兑换（见图 2.3）。

图 2.3 大饼跌价时大饼券的兑换规则

如果 6 年时间里，你既没有兑换大饼，也没有转卖大饼券，那么大饼店每年会给你 1 元利息作为回报，除去利息，到期还会支付 110 元回收你的大饼券（见图 2.4）。

故事已经讲完了，那么你现在是直接买大饼，还是买大饼券？虽然可转债的规则看起来有些枯燥，但实际上它跟生活中的事件很相似。想要理解它，从大饼券这个例子看，就会轻松很多。

可转债公司就像是大饼店，它们发行的股票就是大饼，可转债则相当于大饼券，规则就像故事中的交易逻辑一样。日常，想

图 2.4　大饼券到期回收规则

要了解可转债规则，有两个常用工具可以查询：一是直接去官方网站上找发行公司的"可转债募集说明书"；二是利用现成的财经工具网站，这些网站已经把规则的要点收集整理好了，可以很方便地查阅。为了更方便快捷，一般会选择后者，借助专业人士整理的成果，省时省力，而且能够集中获取资讯并轻松查询。我强烈推荐使用集思录的网页版，只需要在浏览器中输入网址，无论是手机还是电脑都可以登录。

> 投资不是赌博，需要有一定的基础和知识储备。

不需要下载 App 版，因为网页版的功能最全面。在后面的章节中，进行可转债筛选时，也会使用集思录的网页版（见图 2.5）。它就像投资厨房里的利器，协助轻松烹饪出获利的美味大饼！

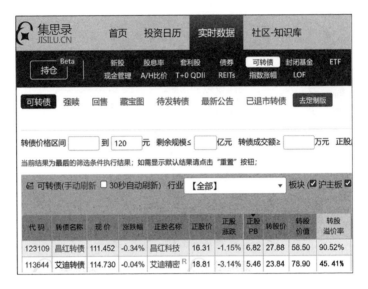

图 2.5　集思录可转债实时数据截图

集思录网页版查找可转债的操作步骤如下：

（1）打开集思录网站首页，注册后登录自己的用户名，然后找到"实时数据"，选择"可转债"；

（2）单击"去定制版"；

（3）单击搜索框，输入一个可转债代码，比如"113640"（苏利转债）。

投资者会看到一张表格，满屏都是文字和数字。对于那些没接触过投资的人来说，看到这么多内容大概会觉得晕头转向，或者干脆不再继续往下看。这也是为什么很多人难以进行可转债投资的原因之一。但是别担心，简化一下，只需要掌握可转债的几个基本规则就行。

第一节

找到价值标杆，投资不迷路

在家里煮菜，会计算做一道菜的成本：买菜、调料、人工的费用等。但奇怪的是，很多投资者在投资时却不考虑成本，完全凭感觉来决定。

比如，"现在 A 股票的股价是每股 10 元，B 股票的股价是每股 20 元，所以 A 股票更便宜，值得买；C 股票过去的股价是每股 20 元，现在是每股 10 元，已经很便宜了，可以买，即使以后股价回到每股 15 元也能较多获利。"这种胡思乱想一点儿也靠不住！在投资中，必须找到真正的价值标杆才行。而对于可转债来说，这个标杆就是转股价。

转股价（见图 2.6）是指可转债兑换成公司股票的约定价格。一般来说，可转债上市 6 个月后才允许进行股票转换操作。

苏利转债 113640		正股 苏利股份 603585		行业 基础化工-农化制品-农药			
价格 112.242		转股价值 79.66		到期税前收益 1.46%		成交(万) 576.54	
涨幅 0.27%		溢价率 40.91%		到期税后收益 0.72%		换手率 0.54%	
转股起始日	2022-08-22	回售起始日	2026-02-16	到期日	2028-02-16	发行规模(亿)	9.572
转股价	19.71	回售触发价	100.00+利息	剩余年限	4.751	剩余规模(亿)	9.572
转股代码	113640	回售触发价	13.80	到期赎回价	115.00	已转股比例	0
转债市值占比	33.87%	正股总市值(亿)	28.26	转债流通市值占比	33.87%	正股流通市值(亿)	28.26
下修触发价	17.74	正股波动率	会员	强赎触发价	25.62	正股PB	1.072
下修天计数	会员			强赎天计数	0/15	30		
上市日	2022-03-10	股东配售率	89.84%	网上中签率	0.0009%	地域	江苏
机构持仓	会员	回售税前收益	增强	质押代码	113640	折算率	0.000
纯债价值	会员	主体评级	AA-	债券评级	AA-		

图 2.6 可转债的转股价

转股价在大饼券的故事中，就相当于大饼店约定大饼券兑换成大饼的价格。比如，按每个 10 元兑换大饼，面值 100 元的大饼券可以兑换 10 个大饼。如果以后大饼价格上涨到每个 13 元，每张大饼券仍然可以按照之前约定的价格，兑换 10 个饼，价值 130 元。也就是说，大饼价格上涨，大饼券的价值也水涨船高。如果此时投资者不想换大饼，而是想把大饼券卖给其他人，那么它的价格也应当在每张 130 元左右，因为任何人拿到这张券，都可以兑换价值 130 元的大饼。

虽然，一般规定大饼券上市 6 个月后才可以用来换饼，但即使上市未满 6 个月，只要大饼的价格上涨，大饼券的价格也会跟着上涨。因为大家都知道，大饼券未来一定可以兑换。

这规则也没想象中那么复杂吧？甚至转股价比投资者想象得还要简单。因为，投资者根本无须记住每只可转债的转股价是多少。虽然可转债的价值标杆就在于转股价，但实际操作中，我会用其他工具直接筛选出有价值的可转债，不必记，更不用计算。

当大饼的价格跌到每个 7 元时，大饼券的价值也会跟着下降到 70 元，因为它仍然只能兑换 10 个饼。但是，市场上的大饼券价格通常不会降到每张 70 元，因为大饼券到期后还能兑付本金和利息。这就是可转债的厉害之处：股票跌了，可转债有面值保底；股票涨了，可转债跟着获利。与之形成对比的是，直接投资股票的人，股票下跌就直接亏钱，卖也不是，留也不是，甚至整天因担心而睡不好觉。

我自己以前就是这样，炒股花了大量时间，还搞得自己精神紧张，甚至长期失眠。而当我开始做低风险的可转债时，吃得香、睡得着，每天只花 5 分钟，隔三岔五就有可转债上涨，真是很自在。这几年和我一起学习可转债的伙伴们，状态也很棒，经常给我发信息说又有"大饼"熟了（某可转债自动卖出获利了），再也不需要研究复杂的投资规则了，真正做到轻松理财、享受生活。

总结一下，转股价就像大饼店规定的大饼券换大饼的价格一样，在发行可转债时就已经确定了，受到管理层的监管，不允许调高。但是，在特殊情况下，转股价却可以下调，让投资者打折买大饼。下一节揭秘转股价下修的规则，这才是真正的秘密所在。

第二节

投资成功的秘密，拿到"内部价"

转股价下修，即当公司股票连续 30 个交易日中，至少有 15 个交易日的收盘价，低于当期转股价格的 85% 时，公司董事会有权提出转股价格向下修正方案，并提交公司股东大会审议表决。触发此约定条款的股价，即被称为转股价下修触发价，简称下修触发价（见图 2.7）。

苏利转债 113640		正股 苏利股份 603585		行业 基础化工-农化制品-农药			
价格 112.242		转股价值 79.66		到期税前收益 1.46%		成交(万) 576.54	
涨幅 0.27%		溢价率 40.91%		到期税后收益 0.72%		换手率 0.54%	
转股起始日	2022-08-22	回售起始日	2026-02-16	到期日	2028-02-16	发行规模(亿)	9.572
转股价	19.71	回售价	100.00+利息	剩余年限	4.751	剩余规模(亿)	9.572
转股代码	113640	回售触发价	13.80	到期赎回价	115.00	已转股比例	0.00%
转债市值占比	33.87%	正股总市值(亿)	28.26	转债流通市值占比	33.87%	正股流通市值(亿)	28.26
下修触发价	17.74	正股波动率	会员	强赎触发价	25.62	正股PB	1.072
下修天计数	会员			强赎天计数	0/15 | 30		
上市日	2022-03-10	股东配售率	89.84%	网上中签率	0.0009%	地域	江苏
机构持仓	会员	回售税前收益	增强	质押代码	113640	折算率	0.000
纯债价值	会员			主体评级	AA-	债券评级	AA-

图 2.7　可转债的转股价下修触发价

用大饼店做类比，假设大饼价格为每个 10 元，突然市场变差，大家不再愿意买大饼，于是价格跌到每个 5 元，而且这种情况已经持续 15 个交易日。这时大饼店可以决定：将大饼券兑换大饼的价格从每个 10 元调整到每个 5 元。这样，一张 100 元的大饼券可以兑换 20 个大饼，大饼券的价值仍然是 100 元。如果一开始投资者没买大饼券，而是直接买大饼，那么大饼从 10 元下跌到每个 5 元时，投资者就亏了一半的钱。这就是大饼券的核心魅力所在，相当于在每个 5 元的价格，可以享受 "内部价" 买大饼的权利，这就是规则优势。

第一章提到 "蓝思科技与蓝思转债" 的例子。当年蓝思科技的股票价格从约每股 17 元跌到每股 10 元以下，又涨到每股 14 元时，同时期公司发行的蓝思转债价格却从每张 100 元涨到了每张 140 元。原因就是，当蓝思科技股票价格从每股 17 元跌到每股 10 元以下时，公司开了一次董事会，提议按照每股 10 元的新转股价兑换股票给可转债持有人，将提议提交给股东大会表决，股东大会表决同意。

于是，可转债持有人就可以按可转债面值 100 元、股票每股 10 元进行兑换，共可兑换 10 股股票。后来，当股票价格又回到每股 14 元时，10 股股票价值 140 元（10 股 ×14 元 / 股），当然可转债的价格也水涨船高从 100 元变成了 140 元左右，而此时，原来以约每股 17 元买股票的投资者，还亏损约 20%。

可以想象，当时买股票的人知道可转债持有人获利这么多，他们的感受如何。这就是现实，关键这些都是公开合法合规的行为。为什么大饼店会允许大饼券的持有者享受"内部价"呢？背后逻辑是：如果不下调大饼券的兑换价，大饼券兑换成大饼后的价值就会低于 100 元，持有者就会选择不来兑换大饼，而是等到后期让大饼店还 100 元钱。而发行大饼券的目的是通过促进兑换大饼，大饼店就不用还钱，所以大饼店宁愿让大饼券持有者享受"内部价"，促进兑换大饼。可见，这条规则是符合大饼店的核心利益的，当然大饼券的持有者也会从中受益。

这也是很多股票投资者亏损的原因，千万不要认为某个公司股票"现在很便宜"，其实还可以更便宜。普通投资者认为"便宜"，而上市公司董事会、大股东可能认为是"贵"。蓝思科技股票投资者用每股 17 元的价格买入，结果上市公司按照每股 10 元兑换给可转债持有人。所以，不懂投资规则会吃亏，拿到"内部价"才更容易获利。

我常和伙伴们开玩笑说，股票就好像已经追到并结婚的老婆，开始敢于忽视感受了；可转债就像正在追求的女朋友，上市公司总是变着花样去讨好。我一直劝乱炒股票的伙伴尝试投资可转债，可总有伙伴嫌弃可转债太慢。再回头看看"蓝思科技与蓝思转债"的例子，还觉得可转债慢吗？我看到的是，可转债下跌很慢，涨起来却一点都不含糊。

当时，蓝思科技的股票价格从约每股 17 元下跌到每股 10 元的时候，蓝思转债的价格只是从每张 100 元下跌到约每张 88 元。因为，虽然股票下跌导致可转债转股后的价值也降低，但可转债还有 100 元的面值作为保底，所以，它的价格一般跌到一定程度就跌不动了。投资者不愿意更便宜地卖出，大不了耐心等待可转债到期，上市公司还本 100 元。

同时期，蓝思科技股票最多时亏损 40%，相当于投资 100 万元亏损了 40 万元。现实是没多少人能受得了这样的情况，很多人在蓝思科技股票跌到每股 10 元时就卖出了。

而蓝思转债当时只是小跌，可别小看它哦！毕竟有可转债面值 100 元保底，这可以让一般投资者心态平和，选择耐心等待。结果几个月后，蓝思转债猛涨到了 140 元！这就是为什么我一直劝老股民们投资可转债的原因：不仅能获利，还能保持好心态，吃得香、睡得香，不容易情绪失控，对身体好，也有利于家庭和睦。

拿到"内部价"是专业投资者的法宝！就算是日常买卖，"内部价""友情价"都有优势。就连为人处世，也不能只看表面，得多研究内在规律，争取掌握隐藏的规则，这样才能事半功倍。所以，请记住这句话：利用规则是专业投资者的法宝。

不过要提醒一下：转股价下修规则说的是"有权提出"，公司董事会不一定会提出下修，而且提出后还得"经过股东大会表决同意"。那么，什么样的公司更愿意把股票便宜卖给投资者呢？这将在第三章详细介绍。下一节了解一个新规则——强制赎回。

（第三节）

大股东为你举办的赚钱庆祝仪式

强制赎回：转股期内的公司股票收盘价，连续 30 个交易日中至少有 15 个交易日，不低于当期转股价的 130%（含），或本次发行的可转债未转股余额不足人民币 3 000 万元时，公司有权按照债券面值加当期应计利息的价格赎回全部或部分未转股的可转债（见图 2.8）。

苏利转债 113640		正股 苏利股份 603585		行业 基础化工-农化制品-农药	
价格 112.242		转股价值 79.66		到期税前收益 1.46%		成交(万) 576.54
涨幅 0.27%		溢价率 40.91%		到期税后收益 0.72%		换手率 0.54%
转股起始日	2022-08-22	回售起始日	2026-02-16	到期日	2028-02-16	发行规模(亿) 9.572
转股价	19.71	回售价	100.00+利息	剩余年限	4.751	剩余规模(亿) 9.572
转股代码	113640	回售触发价	13.80	到期赎回价	115.00	已转股比例 0.00%
转债市值占比 33.87%		正股总市值(亿) 28.26		转债流通市值占比 33.87%		正股流通市值(亿) 28.26
下修触发价 17.74		正股波动率 会员		强赎触发价 25.62		正股PB 1.072
下修天计数 会员				强赎天计数 0/15	30	
上市日	2022-03-10	股东配售率 89.84%		网上中签率 0.0009%		地域 江苏
机构持仓 会员		回售税前收益 增强		质押代码 113640		折算率 0.000
纯债价值 会员		主体评级 AA-		债券评级 AA-		

图 2.8 可转债的强制赎回

　　对于可转债持有人来说，强制赎回条款就像上市公司给自己开的一场盈利庆祝会！还以大饼店来比喻，大饼店大饼的价格从每个 10 元涨到每个 13 元，而且已经连续涨了 15 天。这时候，如果投资者手里还有大饼券，大饼店可以毫不客气地强制按照每张 100 元的原价收回投资者的大饼券。或者大饼的价格没上涨，但是大饼店发现有很多人买了大饼券却不来兑换，大饼店就会发公告："拥有大饼券的顾客，请及时来兑换，逾期将不再接受兑换，一律按照每张 100 元再加上今年的利息收回大饼券！"这可是大饼店的另一招！

　　"强制"两个字听起来挺严肃的，其实对于可转债的持有人来说，这就是个获利的好机会！因为只有公司股票价格上涨超过30%，并且连续上涨 15 天的情况下，才能发布强制赎回公告。这时候可转债的价格一般也会水涨船高，从每张 100 元涨到 130 元以上！这时候，投资者就可以把可转债换成股票，然后以每股13 元的价格卖掉，相当于赚了 30%！当然，可以直接在市场上卖掉可转债，也能卖到每张 130 元左右！

　　这条规则的价值可不止这些，它的核心是告诉投资者：什么时候卖出可转债！重点提示来了，当看到发布"强制赎回"的消息时，别犹豫，赶紧行动起来，此时卖出是获利的好机会！股票投资者可没有这样的福音。2015 年 6 月，一位股票投资者本来此前已经获利了好几倍，结果股市风云一变，一个月内把前面获得的收益全都亏光了，因为他不知道什么时候将持有的股票卖出。股票上涨 10% 他不卖，因为还想涨到 30%；涨到 30%，他还想涨到 100%。结果股票价格回跌，甚至倒亏，他后悔莫及。涨了总想再涨，赚了总想再多赚，亏回去又懊恼，这是炒股人的通病。就像那些看钱塘江大潮的游客，总是要等被大潮淹没了才肯离开。

可转债投资者就比较幸福，上市公司直接用强制赎回逼着投资者卖出，轻松赚取 30% 的利润。所以强制赎回就是可转债投资者获利的好机会！可转债投资者应该感谢上市公司，让投资变得这么容易，理财新手的收益都能秒杀大部分老股民。作为老股民，也只能羡慕一下了，从来没有这么准确的信息告诉他们股价到底什么时候高，什么时候低。

卖掉手中的可转债即可获利，那么转换成股票又为了什么呢？因为很多人考虑到转换成股票后，股票的价格可能还会继续上涨。他们就愿意冒险把可转债转换成股票，期待股票价格继续飙升。不过，对于低风险投资者来说，可不想冒险，会把手中的可转债卖掉。投资者永远记住一句话："持续低风险才能持续高收益！"这是低风险理财投资的秘诀。

持续低风险才能持续高收益。

上市公司通过强制赎回规则，来促使可转债转换成股票，这样就不需要以现金形式兑付给可转债持有人。就像大饼店最终目的是让所有大饼券全部兑换成大饼，而不是真的想收回大饼券。上市公司的核心都围绕着怎样不还钱，把可转债持有人变成股东是最好的方式。所以，投资者也要跟随上市公司这一核心利益点。

还有一种情况，上市公司也有可能强制赎回，就是没有转换成股票的可转债只剩下不到 3 000 万元时，上市公司就可能选择强制赎回。因为，大部分可转债已经转换成股票，不需要还钱，上市公司也不想为了最后一点"顽固分子"浪费时间和精力。所以，它会选择直接还钱赎回可转债。而且一旦上市公司发布强制赎回公告，剩下的不到 3 000 万元可转债持有者，往往都会在最后期限前转换成股票，因为一般来说，转换成股票比上市公司以每张 100 元回收要划算。公告一出，余钱尽收！通常情况下，上市公司会在五个交易日内发布三次公告，这样可转债持有者一般都不会错过。只需要每周去集思录查看是否有强制赎回的提示即可。

这是第一种赎回方式：强制赎回，是上市公司主动采取的方式。接下来一节介绍的是第二种赎回方式，称为回售，这次上市公司是被动方，而可转债持有者有权主动要求回售。这是可转债持有者的主动权利！

第四节

拥有护身符，才能安心投资

回售：在约定 6 年持有期的最后 2 年，如果公司股票连续 30 个交易日收盘价低于当期转股价的 70%，可转债持有人就有权按照面值加当期利息回售给公司（见图 2.9）。

苏利转债 113640		正股 苏利股份 603585		行业 基础化工-农化制品-农药			
价格 112.242		转股价值 79.66		到期税前收益 1.46%		成交(万) 576.54	
涨幅 0.27%		溢价率 40.91%		到期税后收益 0.72%		换手率 0.54%	
转股起始日	2022-08-22	回售起始日	2026-02-16	到期日	2028-02-16	发行规模(亿)	9.572
转股价	19.71	回售价	100.00+利息	剩余年限	4.751	剩余规模(亿)	9.572
转股代码	113640	回售触发价	13.80	到期赎回价	115.00	已转股比例	0.00%
转债市值占比	33.87%	正股总市值(亿)	28.26	转债流通市值占比	33.87%	正股流通市值(亿)	28.26
下修触发价	17.74	正股波动率	会员	强赎触发价	25.62	正股PB	1.072
下修天计数	会员			强赎天计数	0/15 / 30		
上市日	2022-03-10	股东配售率	89.84%	网上中签率	0.0009%	地域	江苏
机构持仓	会员	回售税前收益	增强	质押代码	113640	折算率	0.000
纯债价值	会员	主体评级	AA-	债券评级	AA-		

图 2.9　可转债的回售

　　股价低，转股价却很贵，可转债如果转股就会亏本；如果卖出，也可能因卖出价不到每张 100 元而亏本。这时回售就成了较好的选择。

　　当然，如果此时可转债的市场价高于每张 100 元，直接在市场上卖出即可，完全没必要多此一举回售给公司。所以说，回售在可转债市场价低于每张 100 元时才更有意义。

　　就好像大饼价格从每个 10 元下跌至 7 元，大饼店却不愿意每张面值 100 元的大饼券按大饼现价每个 7 元兑换大饼，坚持按约定只能换 10 个大饼，折合后价值 70 元。大饼券也因为大饼价格下跌变得不太值钱了。虽然有每张 100 元的面值保底，但上涨获利似乎遥遥无期。那么，大饼店必须接受大饼券的回售，并支付每张 100 元和利息，发布回售提示性通告（见图 2.10）。

证券代码：688166　　证券简称：博瑞医药　　公告编号：2023-042
转债代码：118004　　转债简称：博瑞转债

博瑞生物医药（苏州）股份有限公司
关于"博瑞转债"可选择回售的第一次提示性公告

本公司董事会及全体董事保证本公告内容不存在任何虚假记载、误导性陈述或者重大遗漏，并对其内容的真实性、准确性和完整性承担法律责任。

重要内容提示：

● 债券简称：博瑞转债

● 回售价格：100.23 元人民币/张（含当期利息）

● 回售申报期：2023 年 5 月 24 日至 2023 年 5 月 30 日

● 回售资金发放日：2023 年 6 月 2 日

● 回售申报期内可转债停止转股

● 本次回售不具有强制性

● 风险提示：投资者选择回售等同于以每张 100.23 元人民币（含当期利息）卖出持有的"博瑞转债"。截至目前，"博瑞转债"的收盘价格高于本次回售价格，投资者选择回售可能会带来损失，敬请投资者注意风险。

图 2.10　博瑞转债回售公告详情

可转债回售是第二种赎回方式，与强制赎回不同，强制赎回是上市公司强制转股，回售则是合同约定给投资者的权利，投资者可以主动提出，等于是可转债投资者的护身符。回想当初蓝思科技股票的投资者，最终很多人选择低价卖出股票。毕竟，他们在股票持续下跌时，根本不知道什么时候才能赚回本钱。不卖出股票就只能无限期等待，如果股票价格继续下跌，亏本就更多。不确定事件、不确定期限带来的各种担忧，让持有者很难坚守一只大幅下跌的股票，最终卖出股票就不可避免。

经常听老股民们说这样的话："如果当初没卖掉××，现在我就赚大了。"这就好比经常争吵、彼此伤害的情侣最终分手，后面却经常感叹："若是当初再忍耐一下就好了，当初他（她）其实挺好的。"一个好投资品的规则设计，对于投资者就比较友好，就像可转债，会想方设法给予足够的安全措施，让人们更容易投资成功。

上市公司会公告5个交易日，提醒可转债投资者回售，错过机会，当年就不再回售。就好比大饼店也需要用资金做生意，不能一直准备好现金等待投资者回售，错过机会就只能等下次，下一次要等一年。

回售是上市公司给可转债持有者的一个承诺：如果业绩不好，又不愿意低价卖股票，就会还可转债投资者的钱。实际上，上市公司会极力避免回售发生，因为对上市公司来讲还钱不是目的，不还钱才是终极目标。所以，上市公司通常会用两种方式来避免：要么降低转股价，要么努力提高公司业绩让股价上涨。这样，可转债持有者自然不会通过回售要求还钱。回售规则相当于一条倒逼条款，给上市公司压力，让其主动有所作为。

需要注意，有些发行可转债的上市公司一开始就没有承诺回售，这就让投资者少了一份权益保障。因此，投资者一般要远离这样的可转债，从一开始就对漠视投资者权益的上市公司说"不"。

第五节

可转债的精彩一生，如何把握

假如，一只可转债于 2020 年 12 月上市，可转债的生命周期是这样的（见图 2.11）：

（1）付息：某可转债 2020 年 12 月上市起，每年付利息 1 次。

（2）可转股：2021 年 6 月，上市满 6 个月，进入可转股期。

（3）可回售：2024 年 12 月，满 4 年时（即第五年），进入可回售期，每年一次机会，每张 100 元回售。

（4）到期赎回与存续期：2026 年 12 月，满 6 年时，到期公司赎回可转债，赎回价格每张 1×× 元含利息（按合同约定价格）；存续期按合同理论上为 6 年，但若提前转股、强制赎回或回售则提前结束。

下面详细解释以上约定：

首先，就像大饼店发行大饼券的约定一样，可转债有着明确的规定。从 2020 年 12 月始，直到 2026 年 12 月止，每年都会按合同规定付利息给可转债持有者，就如同大饼店分钱给大饼券持

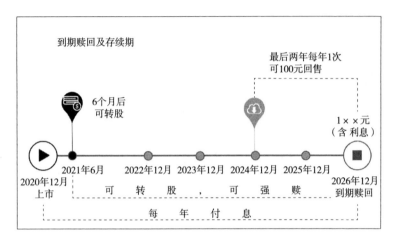

图 2.11 到期赎回与存续期

有者。这 6 年期间任何时候，都可以把可转债卖给别人，就像投资者手中的大饼券可以随时转让给其他人一样。

可转债持有者，可以选择转股或者不转股。可转债持有期间，每年都会得到利息。需要注意的是：可转债在上市后的 6 个月内不能转股。从 2021 年 6 月开始到 2026 年 12 月都可以选择转股。对于低风险投资者来说，这个选择并不是必要的。一般不转股，每年获得利息，或者直接卖出可转债获得收益。就像投资者可以选择把大饼券兑换成大饼，也可以卖掉大饼券换成现金一样。

到 2024 年 12 月，已经持有可转债 4 年了，这个时候如果触发了回售条件，可以选择回售。最后两年的回售机会每年仅有一次，需要抓住机会，否则未来一年可能都得被迫持有。到 2026 年 12 月，可转债理论上就到期结束。此时，投资者可以按照合同规定将可转债赎回，赎回价值等于到期赎回价。可转债理论上的整个生命周期，通常为 6 年，但这只是理论上的期限。因为有强制赎回、回售、转股，会让可转债提前结束。数据统计，历史上 91% 以上的可转债都不到 6 年，真实存续期平均只有 2.5 年。况且买入可转债的时候，一般都不是在上市第一天就购买，所以真正持有的时间更短。比如，上面的例子中可转债是 2020 年 12 月上市，但你可能是在 2021 年 12 月才购买，很可能你最多持有 1.5 年就完全结束了。所以，别被可转债的 6 年合同吓到，它其实是个很好的家庭理财规划工具。

以上是五个最重要的可转债规则，本质上就是大饼店用大饼券借钱的故事。很多新手开始学习理财时都有点畏惧，觉得理财的专业知识太高深，对自己没信心。一提到金融、证券，就觉得"高、大、上"，就远离了，失去了轻松理财获利的机会。

缺乏信心让很多人迟迟不敢踏上理财之路，结果导致个人价值和资产都贬值了。其实，理财投资是富裕群体非常看重的一部分，因为其他事业不一定做一辈子，但理财规划可以让他们的财富延续，特别是具有正确的理财投资意识，才能将财商更好地传给下一代，而不是只留下现金。没有财商的财富传承往往会带来灾难。如果不在意，很可能会掉进各种不正规的理财陷阱，因为大部分人都想多获利。所以，赶紧开始正规理财，让资产获得复利。

总结一句话，化繁为简，抓住核心，才能成功获利！

化繁为简，抓住核心，才能成功获利！

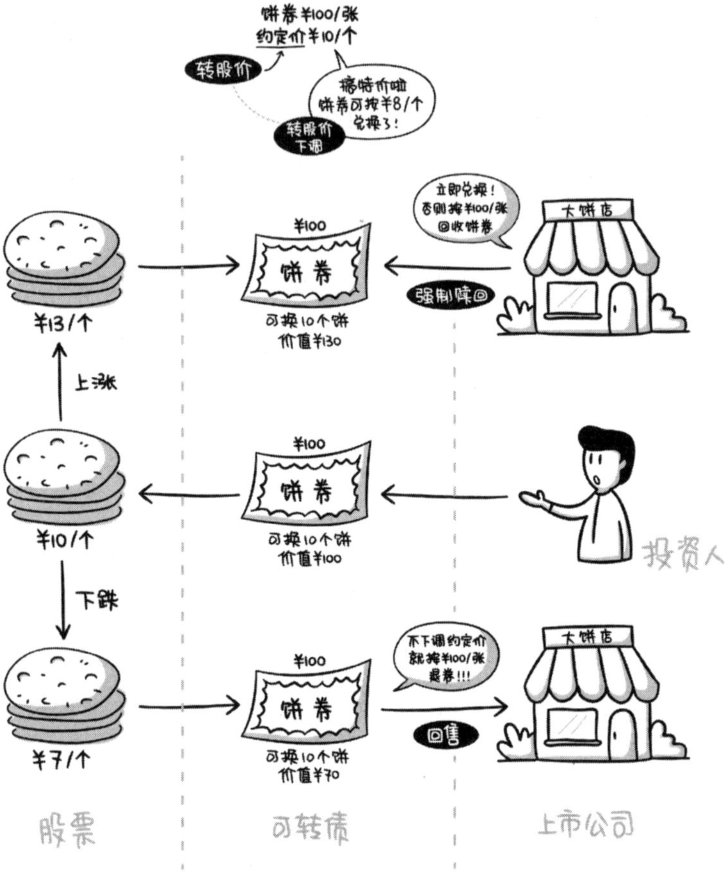

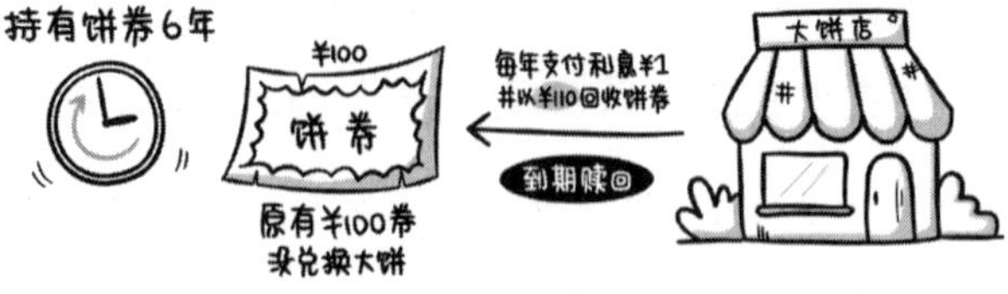

图 2.12 大饼券到期赎回

本章小贴士

大饼店买大饼券的故事类比可转债的五项基本规则：

转股价：约定的 10 元兑换大饼的价格就相当于可转债的转股价；

转股价下修：搞特价就相当于可转债的转股价下修；

强制赎回：大饼涨到每个 13 元时，如果投资者还没有兑换大饼，大饼店会强制回收大饼券，这种情形相当于上市公司对可转债的强制赎回；

回售：大饼价格跌到每个 7 元以下，投资者有权要求大饼店提前按每张 100 元回收大饼券，相当于可转债投资者要求上市公司对可转债进行回售；

到期赎回及存续期：投资者持有的大饼券 6 年内未兑换成大饼，大饼店每年付 1 元利息，相当于上市公司每年给可转债投资者持有可转债的利息；6 年到期，大饼店回收大饼券，相当于上市公司对可转债的到期赎回。

选择方向重于努力。

第三章

优先条件：
如何选择低风险且潜力大的可转债

　　了解到可转债的五项基本原则，那么在可转债市场上，应该买什么样的投资品呢？像要买房一样，考虑的条件有城市、区域、地段、社区条件、房型、楼层等。其实，可转债的影响因素很多，需要把它们简化。当然，这里的简化不是要过分简单化，就像爱因斯坦所说："尽可能让一切简单化，但不能过于简单。"

> 尽可能让一切简单化，但不能过于简单。
>
> ——爱因斯坦

　　在本章中，将详细介绍十个条件，相对于高深理论，会非常容易理解。通过这些条件，投资者可以设计出简单而高效的优选可转债方案。学习之后，投资者可能会惊叹："原来理财投资可以这么简单！"但这并不意味着过于简化，其中蕴含着许多投资逻辑，理解起来绝非易事，理财新手需要多看几遍。另外，为了方便大家使用集思录的工具，本章涉及的概念名词尽量与该网站保持一致。

（第一节）

什么价格才叫便宜

有些投资过可转债的人说："投资可转债没有想象中那么赚钱，有时风险还挺高。我买的可转债跌了很多，结果不得不卖出，亏损很大。"这种认知和体验往往是因为买卖时判断失误。那么，什么样的可转债价格算是低呢？可转债价格有什么规律吗？要回答这些问题，首先要了解可转债的"价格"这个概念。

价格（见图3.1）是指市场上当前可转债的成交价格。以苏利转债为例，当投资者在股票市场上看到它的价格是112.242元时，那就意味着刚刚有人以这个价格买卖了这只可转债。

可转债的现价会随着市场的变化而变动。上市公司发行可转债，初始面值是每张100元。一旦公开上市，由于转股价提前约定，可转债的现价与股票价格的涨跌是正相关的，也就是股票涨时，可转债也跟涨。同时，投资者也预期发债公司的股票有上涨的机会，而且一般到期赎回价还高于100元。因此，大多数可转债上市后的价格都会高于100元，除非公司或整个股市出现较大

苏利转债 113640		正股 苏利股份 603585		行业 基础化工-农化制品-农药		
价格 112.242		转股价值 79.66		到期税前收益 1.46%		成交(万) 576.54
涨幅 0.27%		溢价率 40.91%		到期税后收益 0.72%		换手率 0.54%
转股起始日	2022-08-22	回售起始日	2026-02-16	到期日	2028-02-16	发行规模(亿) 9.572
转股价	19.71	回售价	100.00+利息	剩余年限	4.751	剩余规模(亿) 9.572
转股代码	113640	回售触发价	13.80	到期赎回价	115.00	已转股比例 0.00%
转债市值占比	33.87%	正股总市值(亿)	28.26	转债流通市值占比	33.87%	正股流通市值(亿) 28.26
下修触发价	17.74	正股波动率	会员	强赎触发价	25.62	正股PB 1.072
下修天计数	会员			强赎天计数	0/15 | 30	
上市日	2022-03-10	股东配售率	89.84%	网上中签率	0.0009%	地域 江苏
机构持仓	会员	回售税前收益	增强	质押代码	113640	折算率 0.000
纯债价值	会员	主体评级	AA-	债券评级	AA-	

图 3.1 可转债的价格

的负面预期。

那么，什么样的价格算是低价呢？对于可转债来说，每张 100 元左右的价格就算比较低的了。因为，可转债的发行价是每张 100 元，回售价也是每张 100 元，而且到期赎回价一般还会高于每张 100 元。此外，在可转债到期之前，每年还可以获得利息。所以，如果投资者买了一张 100 元左右的可转债，即使等待回售或到期赎回，也能获利。当然，需要注意的是，并不是每张 100 元左右的可转债都适合购买，价格只是其中一个要素，本章后面要讲的其他条件也需要符合。但现实很奇怪，往往便宜的机会来了，很多人却又不敢买。

记得在 2020 年春节，节后第一个交易日开市 30 分钟，许多可转债价格直接下跌了约 10%，很多优质可转债的价格甚至跌到了每张 100 元以下，这是一个非常好的买入机会。春节前，我在社群里分享了我的观点，认为春节开市后可转债和股票很有可能大幅下跌，会有难得的买"便宜货"机会，并公布了我的投资计划。结果，春节后第一天开市，可转债的价格果然如我所料。反向思考，能买到这么便宜的可转债，一定是有人愿意按此价格卖出。这些投资者内心的演绎大概是这样的："可转债和股票下跌那么多，太吓人了，我赶紧卖出，别砸在手里。"或者"再多买一点，是不是疯了？现在是特殊情况……"事实是，股市只给了几十分钟的买入机会，之后就一路上涨，许多买入的伙伴当天就获利不少。而那些不明真相的伙伴选择卖出，估计当天下午就后悔了。接下来的几个月，可转债一路上涨，根本没有再给出便宜"上车"的机会。可转债低价时往往伴随着市场各种负面消息，人性的弱点往往在这个时候作怪，市场给了低价买入的机会，你却不敢买入。要想抓住低价买入可转债的机会，前提是你足够专业。

那么，什么又算高价呢？一般来说，如果一个可转债的现价已超过每张 130 ～ 140 元，就可以说是高价区间。如果在这个时候买入，一旦后面股市行情波动，可转债的价格就有可能大幅下跌。这个原理其实很简单，因为可转债有强制赎回条款，当股票价格高于转股价的 30% 以上时，就可能会启动强制赎回，此时，对应的可转债的价格也从面值 100 元上涨了 30% 左右，即 130 元左右。

可转债投资门外汉常常会犯一个错误，就是高价买入。他们经常把投资可转债当成炒股，觉得高价的可转债上下波动大、很刺激，也许一天就能获利 10% 以上，根本不屑于我们说的年收益

10%。现实是，市场上几乎每天都有股票涨 10%，却很少有人能够长期通过炒股获利。一年获利 30% 也许容易，但是三年都获利30% 就很难了，因为凭运气赚的钱，最后往往还会凭实力亏掉。总是喜欢高风险的人，最后往往没有收益，甚至亏大钱。所以，我一直喜欢低风险，因为这样才能持续高收益。

只可惜，很多人在投资上没有正确的思维和投资系统。一旦进入股市，很快就变成了冲动的赌徒，满脑子都是立即赚钱、一年暴富的想法。这样一来，他们就陷入了贪婪的陷阱。同时，由于对信息和规律的无知，他们又经常感到莫名恐惧。市场的波动会放大这种恐惧和贪婪，让人们成为人性弱点的奴隶。巴菲特总结过他的投资成功经验："别人贪婪的时候，我恐惧；别人恐惧的时候，我贪婪。"所以，大家一定不要被贪婪和恐惧左右，牢记低买高卖的原则，才能在投资中取得成功！

哪种可转债更容易上涨

PB（见图 3.2）是指股价与每股净资产的比值，也叫市净率。

苏利转债 113640		正股 苏利股份 603585		行业 基础化工-农化制品-农药			
价格 112.242		转股价值 79.66		到期税前收益 1.46%		成交(万) 576.54	
涨幅 0.27%		溢价率 40.91%		到期税后收益 0.72%		换手率 0.54%	
转股起始日	2022-08-22	回售起始日	2026-02-16	到期日	2028-02-16	发行规模(亿)	9.572
转股价	19.71	回售价	100.00 |利息	剩余年限	4.751	剩余规模(亿)	9.572
转股代码	113640	回售触发价	13.80	到期赎回价	115.00	已转股比例	0.00%
转债市值占比	33.87%	正股总市值(亿)	28.26	转债流通市值占比	33.87%	正股流通市值(亿)	28.26
下修触发价	17.74	正股波动率	会员	强赎触发价	25.62	正股PB	1.072
下修天计数	会员			强赎天计数	0/15 | 30		
上市日	2022-03-10	股东配售率	89.84%	网上中签率	0.0009%	地域	江苏
机构持仓	会员	回售税前收益	增强	质押代码	113640	折算率	0.000
纯债价值	会员	主体评级	AA-	债券评级	AA-		

图 3.2　可转债的 PB 值

　　还以大饼店为例，大饼店的面粉总价值是 20 万元，然后大饼店把面粉平均分成了 10 万份，用来做大饼。那么每个大饼的面粉价值就是 2 元，这 2 元钱就相当于每股的净资产。如果大饼卖每个 10 元，10 元就相当于股票价格，即股价。这时候，可以计算 PB（市净率）= 每股股价 / 每股净资产 =10/2=5，所以，PB 值就是 5。如果大饼降价到每个 2 元，那么 PB=2/2=1，即 PB 值为 1。

　　公司上市时，公司股价通常会高于每股净资产，就像大饼价格一般会高于面粉价格。如果 PB 小于 1，就意味着股价相比净资产在打折，就像是大饼的价格比面粉还便宜。但购买要小心，通常便宜没好货，也许大饼要变质了。对于可转债来说，这就意味着这家公司可能存在一些潜在问题。

　　经常有人误解，认为 PB 低就好，实际往往相反。在每个大饼面粉价值不变的情况下，如果 PB 值很高，说明大饼的价格很高，可能大饼很好吃，就会有越来越多的人看好大饼店的未来发展。股价也是这个道理，股价高往往说明公司未来发展预期好，更受投资者青睐。

我身边有些朋友只敢买 PB 较低的可转债，认为它们很便宜。结果过了很久也没有涨价，而选的其他几只可转债已经涨了，早已卖出获利了。虽然说可转债要低买，但是低价并不是唯一的条件。谨记，在投资中按照系统规则操作才能获得成功，千万别贪小便宜！

有人可能会质疑，按照上面的说法，好像投资股票时，股价越高越好，股价低就不好，这怎么解释呢？注意，这里有个前提：买入 PB 值高的，只适用于可转债投资，不能直接套用到买股票。因为可转债有下修转股价、回售和到期赎回等保底条款，而直接购买股票则没有这些条款。如果可转债买高，大不了耐心等保底价或转股价下修，而股票没有这个优势，只能接受股价下跌亏损。

假设投资者直接以每股 10 元买入一只股票，当它跌至每股 2 元时，投资者的损失就相当大了。但如果投资者在股票价格为每股 10 元时，以每张 100 元购买一只可转债，当股票跌至每股 2 元时，投资者有两个选择：一是等待将可转债卖回公司，获得 100 元；二是等待上市公司下修转股价，允许投资者以每股 2 元兑换股票，就可以兑换 50 股股票，价值仍然是 100 元。

这就好比是空中杂耍，先系好安全带，耍得好了就会满堂喝彩，即使没耍好也有安全带保护。但是，如果不系安全带就去耍，那风险就大了。可转债就像是系着安全带的杂耍，而直接买高价股票就像不系安全带的冒险，一次失手可能会全盘皆输。这就是购买可转债不怕股价高的原因之一，而高 PB 值的公司通常短期内更有冲劲，让投资者的可转债有机会更快跟涨。

第三节

评分法一票否决差可转债

评级（见图 3.3）就像给一个班级的学生打分一样，根据他们的表现来评定。可转债评级从好到差，依次分 A、B、C、D 四个大档次。A 级最好，D 级最差。而在每个档次里又有很多小级别，比如 A 级里面又分了七种：AAA、AA+、AA、AA-、A+、A、A-。一般只投 A 级的前五种，也就是 AAA、AA+、AA、AA-、A+，其他 B、C、D 三个大档次全部放弃。

就像在班级里，如果有学生的评级是 B、C、D，那说明他们的现状非常困难，随时可能面临风险。所以，要特别注意。如果购买了评级为 AAA、AA+、AA、AA-、A+ 的可转债，过了一段时间，发现评级变成了 A、A-、B、C、D，那就要在半年之内找机会在保本价附近卖出，换成其他符合条件的可转债。

苏利转债 113640		正股 苏利股份 603585		行业 基础化工-农化制品-农药			
价格 112.242		转股价值 79.66		到期税前收益 1.46%		成交(万) 576.54	
涨幅 0.27%		溢价率 40.91%		到期税后收益 0.72%		换手率 0.54%	
转股起始日	2022-08-22	回售起始日	2026-02-16	到期日	2028-02-16	发行规模(亿)	9.572
转股价	19.71	回售价	100.00+利息	剩余年限	4.751	剩余规模(亿)	9.572
转股代码	113640	回售触发价	13.80	到期赎回价	115.00	已转股比例	0.00%
转债市值占比	33.87%	正股总市值(亿)	28.26	转债流通市值占比	33.87%	正股流通市值(亿)	28.26
下修触发价	17.74	正股波动率	会员	强赎触发价	25.62	正股PB	1.072
下修天计数	会员			延续天计数	0/15 / 30		
上市日	2022-03-10	股东配售率	89.84%	网上中签率	0.0009%	地域	江苏
机构持仓	会员	回售税前收益	增强	质押代码	113640	折算率	0.000
纯债价值	会员	主体评级	AA-	债券评级	AA-		

图 3.3　可转债的评级

例如，正邦转债（见图 3.4）的评级很早就下调到 CCC 级，如果不尽早换掉，后面直接跌到了每张 77.538 元。而在评级刚下调的半年内，正邦转债的价格曾经达到每张 126 元，有充足的机会可以保本卖出。

正邦转债 128114　+自选		正股 *ST正邦 002157		行业 农林牧渔-养殖业-生猪养殖			
价格 77.538		转股价值 62.71		到期税前收益 13.81%		成交(万) 252016.92	
涨幅 3.38%		溢价率 23.65%		到期税后收益 12.78%		换手率 270.77%	
转股起始日	2020-12-23	回售起始日	2024-06-17	到期日	2026-06-16	发行规模(亿)	16.000
转股价	3.62	回售价	100.00+利息	剩余年限	3.079	剩余规模(亿)	11.895
转股代码	128114	回售触发价	2.53	到期赎回价	110.00	已转股比例	25.66%
转债市值占比	16.44%	正股总市值(亿)	72.33	转债流通市值占比	21.51%	正股流通市值(亿)	55.29
下修触发价	3.08	正股波动率	会员	强赎触发价	4.71	正股PB	98.696
下修天计数	会员			强赎天计数	0/15 / 30		
上市日	2020-07-15	股东配售率	70.16%	网上中签率	0.0075%	地域	江西
机构持仓	会员	回售税前收益	增强	质押代码	128114	折算率	0.000
纯债价值	会员	主体评级	CCC	债券评级	CCC		

图 3.4　正邦转债的评级

总之，可转债信用评级下调是一个非常重要的事件，意味着可转债的信用风险增加了，投资者需要谨慎考虑投资风险，并及时按照上述方法进行置换。

第四节

2~3 年内闲钱，如何用可转债做理财

有点闲钱的人理财，可转债是个不错的选择，因为它只需要坚持 2.5 年。但是，有人可能会问，到底要花多长时间才能获利呢？别担心，本节教一个比较准确的指标，让投资者知道自己的理财期限。

按规定，可转债自公开发行日起，距离到期日一般为 6 年，而当前日距离到期日还剩余多少年，即为可转债的剩余年限（见图 3.5）。

苏利转债已经发行 1 年多，距离 2028 年 2 月 16 日的到期日还剩下 4.751 年，这就是剩余年限。可以直接在集思录网站上查询剩余年限，不需要自己去算日期。相比之下，如果只看到期日，还得自己去计算还有多少时间到期，就比较麻烦了。所以，要善用工具，让投资变得更轻松。

苏利转债 113640		正股 苏利股份 603585		行业 基础化工-农化制品-农药			
价格 112.242		转股价值 79.66		到期税前收益 1.46%		成交(万) 576.54	
涨幅 0.27%		溢价率 40.91%		到期税后收益 0.72%		换手率 0.54%	
转股起始日	2022-08-22	回售起始日	2026-02-16	到期日	2028-02-16	发行规模(亿)	9.572
转股价	19.71	回售价	100.00+利息	剩余年限	4.751	剩余规模(亿)	9.572
转股代码	113640	回售触发价	13.80	到期赎回价	115.00	已转债比例	0.00%
转债市值占比	33.87%	正股总市值(亿)	28.26	转债流通市值占比	33.87%	正股流通市值(亿)	28.26
下修触发价	17.74	正股波动率	会员	强赎触发价	25.62	正股PB	1.072
下修天计数	会员			强赎天计数	0/15	30		
上市日	2022-03-10	股东配售率	89.84%	网上中签率	0.0009%	地域	江苏
机构持仓	会员	回售税前收益	增强	质押代码	113640	折算率	0.000
纯债价值	会员	主体评级	AA-	债券评级	AA-		

图 3.5 可转债的剩余年限

可转债平均期限是 2.5 年，意味着可转债通常在剩余年限为 3.5 年时退市。现在假设投资者有 10 万元闲钱要理财，决定买入一些剩余年限在 4.5 年左右的可转债。那么，根据经验，投资者大概会在 1 年左右理财获利。这就是用剩余年限来判断理财期限的巧妙之处。

当然，平均年限只是个参考，并不是每只可转债都按照这个时间来。所以，在实际操作中，需要给自己留一些余地。第一，预期结束的时间要拉长一些。比如前面的苏利转债，不期待 1 年左右就能获利，而是预估 1.5 年左右结束。第二，要意识到并不是所有的可转债都会在 2.5 年内退市。有些可转债可能要等很久才能结束。所以，可以采取一种保险策略，买入多只可转债，这样至少一部分可转债会提前获利。具体怎么买、买多少，第四章会揭开这个神秘的面纱。

既然不同的可转债实际存续时间不一样，那应该优先选择多少剩余年限的呢？

　　这就像选房子一样，喜欢年久失修的老房子，还是喜欢全新装修的现代化小区呢？当然是新房子更有品质保证！可转债的剩余期限也是一样，剩余年限长意味着这是较新上市的可转债，也意味着这家上市公司有足够的时间来提升业绩，展示自己的实力，让股票价格飙升，可转债价格也会跟着涨！

　　一般情况下，至少要选择剩余年限大于 1.5 年的可转债进行投资。如果一只可转债的剩余年限小于 1.5 年，说明已经发行上市 4 年多时间了。可转债平均 2.5 年就已经转股结束了，而一只可转债经过 4 年多却还没有完成转股，表明这家公司的实力一般，股价一直没有大幅上涨，导致可转债持有者也没有转股动力。

　　就像一直做菜都很糟糕的厨师，不太期待他在最后一年突然做出一桌好菜。国君转债（见图 3.6）在到期前一年多的时间内，价格上涨乏力，最终只能以每张 100 元左右的价格到期赎回。如果投资者在最后一年买入它，不但亏损，还浪费了一年时间！这就是前期不努力、到期更乏力的代表！

　　在选择可转债时，要选择剩余年限充足的可转债，就像选择一个有潜力的公司一样。时间就是金钱，用在可转债的剩余年限上非常合适。

　　不过，凡事总有例外：有些公司恰恰在到期前的最后一年集中发力，把公司业绩做得更好。同时，如果整个股市上涨，那么公司的良好业绩会带动股票上涨，进而推动可转债的价格上涨。

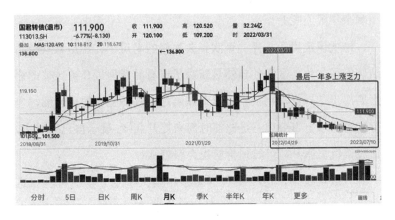

图 3.6　国君转债最后到期前的价格走势

这需要具体情况具体分析，如果无法判断确定，那就采用保守原则，保守一点，总比后悔莫及要好！选择剩余年限 1.5 年以上的可转债。

第五节

符合这个标准，才能说有保底

还记得巴菲特"保住本金"的名言吗？投资可转债要更精确地知道可转债本金的安全度，有什么指标呢？答案就是"到期税前收益率"。"到期税前收益率"是指如果按照可转债的现价购买，假设可转债在未来到期时能够赎回，每年平均能够获得的收益率。通过预估未来的投资回报，投资者就能知道现在需要投资多少才能保本。

还以苏利转债（见图 3.7）为例，它的到期税前收益率是1.46%。这表明如果投资者当时以每张 112.242 元的价格购买了这只转债，到期时投资者每年平均能获得 1.46% 的收益率。就像银行存款一样，虽然不多，但至少有个保底收益。

苏利转债 113640		正股 苏利股份 603585		行业 基础化工-农药制品-农药			
价格 112.242		转股价值 79.66		到期税前收益 1.46%		成交(万) 576.54	
涨幅 0.27%		溢价率 40.91%		到期税后收益 0.72%		换手率 0.54%	
转股起始日	2022-08-22	回售起始日	2026-02-16	到期日	2028-02-16	发行规模(亿)	9.572
转股价	19.71	回售价	100.00+利息	剩余年限	4.751	剩余规模(亿)	9.572
转股代码	113640	回售触发价	13.80	到期赎回价	115.00	已转股比例	0.00%
转债市值占比	33.87%	正股总市值(亿)	28.26	转债流通市值占比	33.87%	正股流通市值(亿)	28.26
下修触发价	17.74	正股波动率	会员	强赎触发价	25.62	正股PB	1.072
下修天计数	会员			强赎天计数	0/15 | 30		
上市日	2022-03-10	股东配售率	89.84%	网上中签率	0.0009%	地域	江苏
机构持仓	会员	回售税前收益	增强	质押代码	113640	折算率	0.000
纯债价值	会员	主体评级	AA-	债券评级	AA-		

图 3.7　可转债的到期税前收益

其计算原理就是：如果投资者买入的价格高于 115 元，那么就会出现"到期赎回价（115 元＋利息）＜买入价格"的尴尬情况。这意味着，如果真的 6 年到期赎回，投资者就会亏损。其实，如果到期税前收益率显示为负数，就是在提醒投资者买入时存在亏损风险。

之前说回售是可转债发行到 4 ～ 5 年回售期的保底，而这里的到期税前收益率 >0，就是 6 年到期时的保底。所以，最简单的办法就是，筛选那些到期税前收益率 >0 的可转债，这样至少能确保到期赎回时能够获利。

再来看个相反的例子，超声转债（见图 3.8）的到期税前收益率是 -0.69%！它的现价是每张 114.859 元，看起来不算太高。但是，这个到期税前收益率却在提醒投资者思考：这只可转债的现价到底贵不贵？想想看，如果现在买入它，持有几年后到期，结果还是亏钱的，会是什么心情呢？

超声转债 127026 +自选		正股 超声电子 000823		行业 电子-元件-印制电路板			
价格 114.859		转股价值 76.36		到期税前收益 -0.69%		成交(万) 400.34	
涨幅 0.27%		溢价率 50.42%		到期税后收益 -1.35%		换手率 0.50%	
转股起始日	2021-06-15	回售起始日	2024-12-09	到期日	2026-12-08	发行规模(亿)	7.000
转股价	12.52	回售价	100.00+利息	剩余年限	3.348	剩余规模(亿)	6.997
转股代码	127026	回售触发价	8.76	到期赎回价	108.00	已转股比例	0.04%
转债市值占比	13.63%	正股总市值(亿)	51.34	转债流通市值占比	13.63%	正股流通市值(亿)	51.33

图 3.8　超声转债的到期税前收益

不过，这只是理论上到期赎回的情况。实际上，大多数可转债在到期前就会上涨到每张 130 元以上，可以立即卖出，并不会等到最后的到期赎回。话虽如此，不怕一万就怕万一，小心驶得万年船。在一开始投资时，就要做好最坏的打算，即只买入到期税前收益大于 0 的可转债。

第六节

注意！这些可转债要远离

在第二章第三节讲过，强制赎回就像上市公司举办的庆祝获利仪式，但有时候强制赎回公告出现时，却成了一个悲剧的故事。这是怎么回事呢？

可转债规则中，对于强制赎回有个可转债剩余规模（见图 3.9）的限制。即如果市场上仅剩余 3 000 万元以下本公司可转债，那么也会启动强制赎回程序。此时可转债的价格可能很低，这就可能造成投资者的亏损悲剧，要么转股，要么亏损卖出，否则被强制赎回可能也是亏损。

可转债实际上是上市公司对外发行的借条，而借条有四种结束方式：转股、回售、强制赎回和到期赎回。那些还没有结束的借条就在债主（也就是可转债投资者）手上，而这些尚未结束借条的总面值金额，就是可转债的剩余规模。

不过，剩余规模较小的可转债通常价格波动较大，有时候也会有较好的获利机会。比如，剩余规模为 6 000 万元的可转债与

苏利转债 113640		正股 苏利股份 603585		行业 基础化工-农化制品-农药	
价格 112.242		转股价值 79.66		到期税前收益 1.46%	成交(万) 576.54
涨幅 0.27%		溢价率 40.91%		到期税后收益 0.72%	换手率 0.54%
转股起始日	2022-08-22	回售起始日	2026-02-16	到期日 2028-02-16	发行规模(亿) 9.572
转股价	19.71	回售价	100.00+利息	剩余年限 4.751	剩余规模(亿) 9.572
转股代码	113640	回售触发价	13.80	到期赎回价 115.00	已转股比例 0.00%
转股市值占比	33.87%	正股总市值(亿)	28.26	转债流通市值占比 33.87%	正股流通市值(亿) 28.26
下修触发价	17.74	正股波动率	会员	强赎触发价 25.62	正股PB 1.072
下修天计数	会员			强赎天计数 0/15 / 30	
上市日	2022-03-10	股东配售率	89.84%	网上中签率 0.0009%	地域 江苏
机构持仓	会员	回售税前收益	增强	质押代码 113640	折算率 0.000
纯债价值	会员	主体评级	AA-	债券评级 AA-	

图 3.9　可转债的剩余规模

10 亿元的可转债相比，前者一般更灵活。

其原理很简单：物以稀为贵。就像市场上的大饼券很少，但投资者却很多，这很容易导致抢购现象。有时即使大饼没有涨价，饼券的价格却在飙升，这就是供需失衡的炒作现象。如果遇到这种情况，正好可以在较高的价格卖出（关于何时卖出，后面的章节会详细介绍）。

因此，在选择可转债时，尽量挑选剩余规模在 5 000 万元以上的，适当远离 3 000 万元这一红线，先确保避开被突然强制赎回的风险。这样既能享受规模较小的好处，又不容易触发强制赎回条款。这一原则非常简单，非常实用，让投资者确保安全，且不错过好的收益。

第七节

投资可转债，选大公司还是小公司

可转债和股票的投资归根结底是对其背后的上市公司投资。上市公司有几千家，有大有小，到底是大公司好，还是小公司值得投资，一直是市场争论的话题。本节就重点讨论这个选择问题。

所谓大公司、小公司，通常是指市值（见图 3.10）的大小区别。市值指的是一家上市公司的所有股票按照当前市场价格计算的总价值，计算方法是：总市值 = 每股股票市场价 × 总股数。

苏利转债 113640		正股 苏利股份 603585		行业 基础化工-农化制品-农药			
价格 112.242		转股价值 79.66		到期税前收益 1.46%		成交(万) 576.54	
涨幅 0.27%		溢价率 40.91%		到期税后收益 0.72%		换手率 0.54%	
转股起始日	2022-08-22	回售起始日	2026-02-16	到期日	2028-02-16	发行规模(亿)	9.572
转股价	19.71	回售价	100.00+利息	剩余年限	4.751	剩余规模(亿)	9.572
转股代码	113640	回售触发价	13.80	到期赎回价	115.00	已转股比例	0.00%
转债市值占比	33.87%	正股总市额(亿)	28.26	转债流通市值占比	33.87%	正股流通市额(亿)	28.26
下修触发价	17.74	正股波动率	会员	强赎触发价	25.62	正股PB	1.072
下修天计数	会员			强赎天计数	0/15 | 30		
上市日	2022-03-10	股东配售率	89.84%	网上中签率	0.0009%	地域	江苏
机构持仓	会员	回售税前收益	增强	质押代码	113640	折算率	0.000
纯债价值	会员	主体评级	AA-	债券评级	AA-		

图 3.10　可转债的市值

还以大饼店为例，店里有 10 亿个大饼。现在大饼的市场价格是每个 10 元，那么整个大饼店的市值就是 10 亿×10=100 亿元，也就是所有 10 亿个大饼按每个 10 元卖掉获得的总价值。

如果一个上市公司的市值超过 250 亿元，一般就被投资者称为大盘股、大公司，这种公司通常经过多年发展、实力雄厚，但是通常太过稳定、股票价格波动性较小，从而可转债价格波动也相对较小；而市值低于 50 亿元的公司则被称为小盘股，这种公司一般波动性较大。因为，小公司一般处于成长期。这就像小树苗前期成长变化很快，成为大树以后成长就相对缓慢。因此，小公司的股价就像小树苗，容易"上蹿下跳"；大公司的股价就像大树，波动较小。

投资可转债时，更倾向于选择小公司。可转债会因为小公司股价而大幅波动，公司股价波动上涨的时候，可转债也更容易大涨；公司股价大幅波动下跌的时候，可转债因为有各种保底措施，不会过分下跌。同时，上市公司还可以下修转股价，所以，可转债不但不怕股价下跌，有时候股价下跌反而是公司下修转股价的机会。这也是投资可转债与股票的不同之处。大公司整体波动比小公司小，上涨的机会自然也更少。

比如，凯发转债（见图 3.11）和浦发转债（见图 3.12）之间的价格波动可谓天差地别！凯发转债是个小公司，市值只有 20 多亿元，但上市后的前 3 年却有多次机会上涨，从低价一路飙升到每张 130 元以上，甚至上市 3 年多以后还长期保持在每张 130 元以上。而浦发转债是个超级大公司，市值高达 2 000 多亿元，上市 3 年多最高价也只到过每张 112 元。

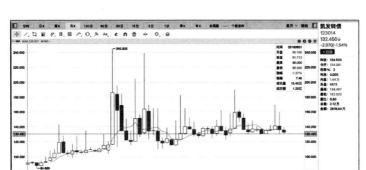

图 3.11　凯发转债历史价格走势

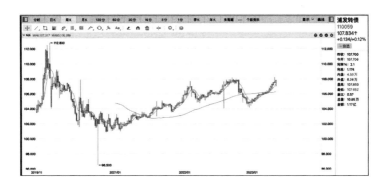

图 3.12　浦发转债历史价格走势

这两者的价格波动相差之大，简直让人目瞪口呆。所以，千万别被所谓"大公司实力强、很有名"的评价所迷惑，投资大公司可转债的结果往往是"投了个寂寞"。

投资者要记住，在可转债投资中要喜欢"小树苗"，而不是"大树"。

第八节

警惕可转债公司财务风险

可转债历史上 100% 兑付，是不是就意味着完全无风险呢？是不是随便买一张可转债，到期了公司就乖乖还钱？答案：不是这么简单的！原因很简单，公司还钱的前提是得有钱！如果连借钱的人都一文不名了，还指望他还钱？别以为历史上的可转债都还钱了，未来的可转债也一定都会还钱。所以，下面就来说说，什么样的公司可能会不还钱，需要离它们远点。

假设你的朋友向你借钱，然后又听说他还向其他人借了一大笔钱，欠款总额比他所有的资产还多。这时候，你就会担心：朋友以后能还得起钱吗？因为他借了太多钱，超出他的还款能力范围。是的，对于上市公司也是一样的道理。要判断一个上市公司将来能不能还钱，关键就是看它到底借了多少钱。

有息负债率（见图 3.13）就是判断公司欠债多少的指标，是指公司需要支付利息的债务占公司总资产的比例。和普通人买房贷款类似，比如用 30 万元首付，再向银行贷款 70 万元，去买

一套 100 万元的房子，那 70 万元的银行贷款就是有息负债，有
息负债率就是 70%。计算公式：有息负债率 = 有息负债总额 /（净
资产 + 有息负债总额）。

苏利股份	(603585)	现价 15.700	涨幅 +0.13%	总市值 28.26亿	总股份 1.80亿份
行业 农药 地域 江苏 IPO 2016-12-14	⭐苏利转债	股息率TTM 2.548%	波动率 会员	有息负债率 22.09%	股票质押比例 会员
		5年平均ROE 13.57%	5年营收增长率 16.68%	5年利润增长率 7.02%	净利润同比增长 -77.45%

图 3.13　可转债的有息负债率

　　如果一个公司的有息负债率过高，比如超过 70%，意味着公
司负债很多，每年需要支付较多的利息，公司还款压力大，那么
借钱给公司的债主风险就大。这种情况下，一旦公司经营不善，
很容易导致没钱还债主，甚至公司破产倒闭。

　　比如，当买一套价值 100 万元的房子时，银行最多只会同意
贷款 70 万元。这时候，你的负债率就是 70%。再往上，银行觉
得风险太大了。银行可是非常注重风险管控的，所以跟着银行学
习还是不错的选择。

　　还有一点投资者要记住，如果买入可转债时有息负债率符合
条件，但后来负债率超过 70% 了，那么，必须在 6 个月内进行置
换，以防公司未来没有钱还债。这一点在第四章买入策略中，会
详细说明如何操作。

第九节

如何找到"积极有为"的可转债公司大股东

大家经常听说某某上市公司的老板身家几十亿元,这个身家多指他们手里的股票市值,并不是说他们手上有这么多现金。大股东们通常拥有公司的大部分股票,但有时候他们手头上很缺现金。那该怎么办呢?他们找到了一个巧妙的办法:股票质押!就是把自己的股票当作质押品,去银行借钱。银行看到这些股票有价值,就会放贷给大股东们,大股东手上就有了一大笔可支配的现金。而大股东质押的股票数占他们拥有的全部股票比例,即股票质押比例(见图3.14)。

寿仙谷	(603896)	现价 44.400	涨幅 +1.51%	总市值 87.58亿	总股份 1.97亿份
行业 中药	寿仙转债	股息率™ 0.689%	波动率 35.45%	有息负债率 28.38%	股票质押比例 12.01%
地域 浙江	寿22转债	5年平均ROE 12.93%	5年营收增长率 17.51%	5年利润增长率 25.60%	净利同比增长 6.13%
IPO 2017-05-10					

图 3.14 可转债的股票质押比例

就像有人买了一套全款的房子,只要用它到银行去抵押,就能获得大笔现金。大股东们也是这样,他们把自己的股票拿去银行做质押，然后借到了一大笔现金，用于公司的其他业务和开发新的项目。

如果一个大股东把自己所有的股票都拿去质押，那股票质押比例就是 100%！这就好比把整个家产都抵押了，银行会给一大笔贷款。但是，这种做法对于大股东也有风险，如果股票价格下跌，银行可是会找大股东麻烦的。他们要求大股东增加股票抵押或者还回一部分现金，因为银行可放贷款的金额是按照股票当前价值来确定的。

比如，某股东质押了自己全部的 10 亿元股票，最多贷款 5 亿元，后来 10 亿元股票下跌只值 8 亿元了。这时，贷款金额按规定只能是股票现值 8 亿元的一半，也就是 4 亿元。贷款机构会要求增加质押或还贷：即大股东额外增加 2 亿元质押股票，补齐到 10 亿元，或者还回 1 亿元贷款。为了避免增加质押或还贷款，大股东最需要做的就是，尽一切努力让公司的股票价格上涨，不能下跌，这样质押的股票就能保持价值 10 亿元以上。股票保持上涨，对可转债持有者就有利。所以，大股东质押得多也有好处，他们会很有动力把公司做好，让股价上涨。

需要警惕的是，如果股票质押比例为 0，通常说明大股东不愿意借钱。这可能是因为没有好的新业务可以发展，也可能是大股东不熟悉贷款运作。这就像一个人只想全款买房却不到银行贷款，大概率是这个人不会理财，觉得现金在自己手中也赚不到钱，还不如把银行贷款还掉划算。如果普通人不善于理财、赚钱，那么善于投资的人一般不会和他合作创业或投资。同理，若大股东不善于资本运作，或没有好业务可以投资，也不应该投资他的公司。毕竟，投资者可不想把钱投入一个没有前途的公司。

当然，不是说质押为 0 的公司就一定不好，只是不好的概率较大。在做筛选的时候，宁愿错失 100 个好公司，也不要留下一个可能不够好的公司。另外，市场上也有足够多的其他好公司。就像风险投资在选择创业公司时，他们也会错失腾讯、阿里等好公司，但并不妨碍投资其他好公司获利。钱是赚不完的，但是能亏得完，所以，一切尽可能优选，找真正有潜力的公司。

> **不怕大股东有压力，就怕他没动力。**

第十节

用好可转债的现有规则

行业（见图 3.15）指的是上市公司主营业务属于哪个行业领域，比如铁路运输、食品饮料、医药等。

苏利转债 113640		正股 苏利股份 603585		行业 基础化工-农化制品-农药	
价格 112.242		转股价值 79.66		到期税前收益 1.46%	成交(万) 576.54
涨幅 0.27%		溢价率 40.91%		到期税后收益 0.72%	换手率 0.54%
转股起始日	2022-08-22	回售起始日	2026-02-16	到期日 2028-02-16	发行规模(亿) 9.572
转股价	19.71	回售价	100.00+利息	剩余年限 4.751	剩余规模(亿) 9.572
转股代码	113640	回售触发价	13.80	到期赎回价 115.00	已转股比例 0.00%
转债市值占比	33.87%	正股总市值(亿)	28.26	转债流通市值占比 33.87%	正股流通市值(亿) 28.26
下修触发价	17.74	正股波动率	会员	强赎触发价 25.62	正股PB 1.072
下修天计数	会员			强赎天计数 0/15	30	
上市日	2022-03-10	股东配售率	89.84%	网上中签率 0.0009%	地域 江苏
机构持仓	会员	回售税前收益	增强	质押代码 113640	折算率 0.000
转债价值	会员	主体评级	AA-	债券评级 AA-	

图 3.15　可转债的行业

当购买可转债时，选择行业只需要记住一个原则，就是要雨露均沾、适当分散。这样做的好处主要有以下三个方面：

第一，可以分散风险

过度集中买同一行业的可转债，往往会因为某个行业出现周期性低迷，可转债需要好几年才能上涨，投资者就很难保持良好的投资心态。因此，一般建议同时持有 10 只可转债，且同行业的不要超过两只，以确保行业分散。这样即使有一两只可转债行情低迷，剩下的大多数可转债仍然有机会，整体投资也不会受到太大影响。

第二，能够保持机会

有些可转债上涨需要 2 ~ 3 年，如果买的数量太少，又不小心正好买到这样长时间不涨的可转债，持有的过程一定无比煎熬。适当分散，能让投资者一年内总有那么几只上涨。因为，一般很少出现所有行业同时都很差。

另外，需要注意的是：分散持有多个行业时，不要对个别行业或公司抱有偏见。有时候，投资者可能听说某个行业表现不太好，想要刻意回避这个行业。其实这些传闻并不一定可靠，任何行业或公司形势都可能发生逆转。有些看似不景气的行业，可能在未来某个时刻大幅上涨。而且上市公司一般都具有开拓精神，在市场不断变化的情况下，公司可能会进行战略调整，甚至特意开拓一些相关的热点领域。一旦开拓成功，公司的业绩就会大幅提升，股票也会随之大幅上涨，可转债当然也会跟着涨。

例如，在 2019 年底，我们买了小康转债（见图 3.16），每张价格还不到 100 元。当时市场对它并不看好，因为它的股价一直趴在底部，而且普通汽车行业也不怎么样，小康转债的公司也没什么亮点。但是，后来发生了一件神奇的事情：新能源汽车行业突然爆发！小康转债所在的上市公司公布消息说它也要进军新能源汽车行业。结果，小康转债在短短三个月内就飙升到了每张 150 元左右，后来甚至涨到了每张 400 多元！

> 雨露均沾，东方不亮西方亮。

第三，能帮投资者克服人性的弱点

当投资者持有的可转债数量较少时，可能会过度关注它们，甚至影响到投资者的日常工作和生活。这可不是轻松理财、享受生活的初衷！人性的弱点如此，数量少时，一点点消息都会引起

图 3.16 小康转债月 K 线图

关注，而当投资者的投资组合扩大到 10 只左右时，就无法一直关注那么多可转债信息了。这是件好事，可以帮助投资者克服过度关注的问题。毕竟可转债是中长期投资，当投资者不再过度关注某些特定品种时，反而会更关心整个投资组合的表现，并在整体策略上下功夫。

在我还是投资新手时，总是只研究 2 ～ 3 只股票。结果呢，天天盯着这几只股票的行情，晚上还需要研究它们的走势、各种消息和财务报表。证券市场一直都有新的消息发生在这些公司中，简直让人应接不暇，也研究得很累。长期如此，导致我的身体状况变得糟糕，家庭关系也出现了问题。我变成了一个白天看股票行情、晚上研究股票信息数据的"怪物"。其实，现在很多老股民和我以前一样，炒了这么多年股票，却没有多少收益，还花了大把时间。

但是，后来我改变了策略，开始同时持有 10 个投资品。奇妙的事情发生了！因为数量够多，根本无法关注每一个投资品，风险也被分散了。所以，内心不再那么担心了。结果就是，我不再紧张兮兮，身体也好了起来，还有更多时间可以陪伴家人。家庭关系也变得更和睦了。不再因为过度关注而情绪失控乱操作，投资成绩也稳定提升，最近十年的年均收益都超过了 30%。

总之，选择行业的原则可以用八个字来概括："适当分散，雨露均沾。"只有这样，投资者才能轻松理财，享受生活。

本章列出了投资可转债的 10 个投资标准，但最重要的是要理解这些标准背后的逻辑。同时，投资者可以利用一些数据工具网站，比如集思录和同花顺，快速筛选出符合条件的优质可转债。

这些筛选条件的底层逻辑就像是种植果树一样，必须先挑选适合种植的土地、选择适宜的气候、培养健康的树苗，才能最终

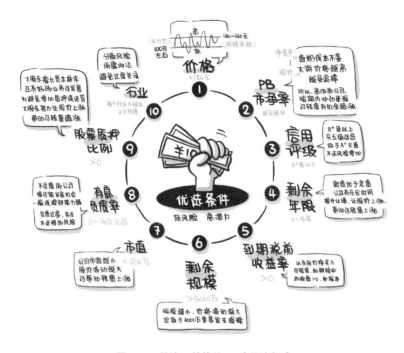

图 3.17　投资可转债的 10 个投资标准

享受丰收的果实。投资也是一样，要精挑细选，寻找符合逻辑的
投资标的，进行适当的投资和管理，才能获得更好的收益。

　　因为参考标准会随着时间的变化而调整，所以，需要不断学
习和更新知识。这本书从写作到出版，再到读者手中，可能有些
参考标准已经过时了，但底层逻辑是不变的。如果想要获取最新
的资料、交流机会，还有那些近乎"傻瓜"式的软件操作教程，
那就找到合适的平台，学习和更新知识，这样就能更好地掌握投
资之道，应对各种情况的变化。

本章小贴士

现价就是可转债的价格，低买高卖是决定投资者能否获利的关键因素！

正股 PB 值越高，说明市场越看好这家公司。这就像在说："嘿，这家公司可是备受瞩目的哦！赶紧抓住机会，一起享受成功的滋味吧！"

只购买评级为 AAA、AA+、AA、AA−、A+ 的可转债。这就像挑选优秀学生一样，更看好优秀班级的成绩。如果发生降级，别担心，大概有半年的时间来完成置换。

剩余年限是个重要的考虑因素，尽量选次新的。就像在买房子一样，都喜欢新的、现代的。

选择到期税前收益率 >0 的可转债，这样到期赎回也可以获利。

可转债的剩余规模决定是否会被强制赎回，不能低于或接近 3 000 万元规模。

选择市值小一点的上市公司的可转债，波动性会更好，避免选择那些大盘股。

有息负债率高于 70% 可能意味着企业经营困难，需谨慎投资。而对于有息负债率为 0 的企业，表示企业不缺钱，但可能没有动力让可转债转股！

股票质押比例只要不为 0，就可以相信大股东有金融运作及投资做生意的能力。

选择行业就是要分散风险，最好不要购买两只以上同一个行业的可转债。适当分散投资，降低风险，雨露均沾才是明智之举！

本大利小利不小，本小利大利不大。

第四章
买入策略：
怎么买才能安心获利

　　本章将进入交易阶段，揭示一个有效的交易系统的重要性。因为即使投资者找到了优质的可转债，如果没有一个良好的操作系统，也可能功亏一篑。就像一支优秀的队伍，没有优秀的指挥系统，不知道何时行军、何时进攻、何时防守，那么胜利也许遥不可及。可转债的交易系统就是为了解决资金规划、购买决策、特殊情况应对和卖出策略等问题。本章先来介绍资金规划、购买决策、特殊情况应对三项内容。

　　在投资过程中，首先要做好资金规划，这是至关重要的！就像驾车去旅行，需要先加好汽油，并熟知沿途的加油站。没有能够准确判断加油时机的司机，整个行程可能会面临困境，甚至中途耗光汽油而抛锚。而资金流动需要经验丰富、优秀的资金配置人员来管理。就像巴菲特曾说，在寻找自己接班人的时候，分析股票方面的优秀人才很容易找到，而资产配置方面的人才却很少。而资产配置的前提，就是对投资进行前期的资金规划。所以，投资者需要先掌握资金规划的技巧，以便在接下来的买入、卖出中掌握主动权。

$$\boxed{\text{第一节}}$$

资金规划：投资可转债需要多少钱

凡事预则立，不预则废。在决定买入之前，最重要的是先做好资金规划，明确投资目标，才能在买入、应对和卖出时制订合理的计划（见图 4.1）。千万不要没有计划就盲目行动，否则结果可能一败涂地。本节先来谈谈资金规划。

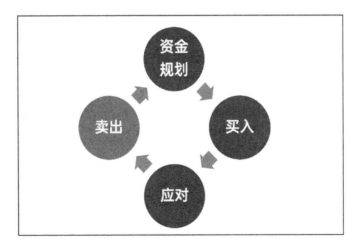

图 4.1　交易系统

资金规划，就如同给投资者财务车辆的引擎加油，确保它在高速公路上行驶时不会突然熄火。这个计划包括三个关键要素：本金、时间和收益。相当于投资者要决定加多少油，行驶多久，预计能跑多远。要有目标，才能有计划。投资者需要从最终目标出发，然后反向考虑如何安排现在的行动。

需要提醒，有一个油耗误区需要避免：小本钱加油。假设投资者开着一辆跑车，只给它加一点点油，却期待它能行驶很远距离。人生的赛道上，追逐成功和财富可不是靠小本投资的。有些人可能以为小额投资风险小、赔得也少，但他们忽略了一个很关键的事实：投资少，利润也不会多。比如，投资 20 年，收益按照年化收益率 30% 的复利计算，财富会增长到惊人的 190 倍，如果本金 1 万元投资，最后可能变成 190 万元；但如果本金 50 万元投资，那差不多就成了亿万富翁！大本金才能带来真正的财务自由！别小看本金的作用，它是财务车辆的引擎补给站。合理的燃油计划能确保投资者的财务车辆行驶顺畅，带投资者驶向财富的终点。

初始操作，投资者的资金规划一般遵循"333"原则（见图 4.2），即拿出 3 年不用的资金来投资、总金额在 3 万元以上、家庭年收入的 3 倍以内。这个原则简单又实用，但实操起来经常有人会走入两个误区。

第一大误区是许多家庭觉得自己没钱理财

其实问题出在他们没好好规划自己的财务，没有好好利用"沉睡"的钱。下面分享两个理财规划案例。

图 4.2　"333" 原则

　　有个投资者以前贷款 70 万元买了一套价值 100 万元的房子（七成贷款，三成首付）。现在这套房子已经涨到了 300 万元，贷款只剩下 50 万元左右。投资者规划把这套旧房卖掉，赚了 250 万元现金，其中 150 万元作为首付买了更好的房子，剩下的 100 万元用来做理财投资。这就好比把一只沉睡的鹅唤醒了，生下一颗"大金蛋"，用"大金蛋"换来更好的鹅以及小金蛋，再用"小金蛋"来做投资。

　　还有一个投资者，开始做理财规划的时候，她已是六年龄"月光族"。她平时还有记账的习惯，总觉得自己每一分钱都花得很合理。但是，当梳理了她的财务报表后，发现她每年从开支上就能节约出 6 万元来投资。

　　理财规划的要求是家庭收入的 30% ~ 80% 用于投资。如果你是个月光族，那一般说明两个问题：要么是开支需要精简；要么就是收入可能太少，需要努力获得更多的收入。投资的本金就像是养的一只鹅，要靠鹅生蛋，用蛋也就是投资获利来消费，不要直接把鹅吃了。我在年收入几万元的时候，让自己不乱消费或延迟满足，把80%的收入用来投资，实在不够了再用信用卡。同时，也倒逼自己努力工作获得更多的收入。等投资获了利，才把消费补上。而此时，我的"鹅"还在继续"生蛋"。

所以，请唤醒沉睡的鹅，让它创造更多的财富！也请谨记，投资本金是鹅，可以吃蛋，却不能把鹅也吃了。

第二大误区是许多家庭总想着短时间内赚大钱，把投资当成一种快速发财工具

有些家庭半年后要买房，现在手上有一笔首付款，也想拿来做可转债投资，这可是投资大忌！投资可不是一夜暴富的捷径！一般建议至少3年以上的投资期限。如果时间太短，说不定刚好赶上市场下跌，本金就会面临亏损。

关于收益率的计算，可以用"72法则"来估算投资本金的翻倍时间。假设平均每年收益12%，那就用72除以12等于6，也就是说，现在投入的本金，会在6年后翻1倍；如果年收益率是15%，那就是72除以15约等于4.8，也就是大约4.8年后，本金就能翻1倍。

当然，对于新手，先用小资金来尝试是必要的。这样可以更好地调整心态，毕竟初期投资更注重练手。建议新手投入的本金总规模不要超过家庭年收入的三倍。等有了半年或者一年以上的投资经验，再逐渐增加投资规模，这样才能确保获得更大的收益。

另外，投资不能盲目选择品种，建议选择优质可转债，千万

别被高风险高收益的机会所迷惑。回想 2015 年，就有人拿着
500 万元本金，再撬动 5 倍的资金杠杆去炒股。开始时账号盈利
3 000 万元，结果行情直下，一个多月就亏得干干净净。这种过
度的杠杆操作简直是自寻死路！再加上贪婪，赚了总想再赚，亏
了觉得不甘心，亏得多了就恐慌，卖在最低价，这就是典型的错
误心态！

开启投资资金规划就能避免掉进以上两大误区。

投资第一步——做好家庭资产配置。

如果有些家庭的确资金太少，别担心，也可以通过可转债来
获利。可以让全家人都开证券账户，然后一起来做"可转债打新"！
不需要任何本金就能参与抽签新发行的可转债，中签后再购买抽
中的可转债，一般只需要 1 000～2 000 元本金即可。账户越多，
打新效率就越高，就像是抽的彩票越多中签率就越高一样，完全
可以做到小投入大回报！

在 2019—2023 年这 5 年中，和我一起打新的伙伴们，一个
账户平均一年打新收益可达 2 000 元左右。如果夫妻俩和双方父
母都参与进来，一年的收入就能上万元呢！而且投入的本金也很
少。对于几乎零投入起步的人，可转债打新是个不错的方式。

总之，做好资金规划，理清目标和计划，为开启买入可转债
做好准备。

第二节

买什么：如何识别当下最适合买入的可转债

市场上可转债的数量已经超过 500 多只（截至 2023 年），许多投资者纠结于应该买哪只。这可是个大难题啊！这是投资者的咨询中，最常见的问题。授人以鱼不如授人以渔。本节就来讲解方法，教投资者既好又快地找到适合自己的可转债，成为一个高效决策者！

下面还是用策略加工具的方式来解决问题。结合可转债的五项基本规则和十个筛选条件，设计一系列指标，然后用集思录网页工具来筛选符合条件的可转债（见图 4.3）。别被指标数量吓到，结合网页工具，3 分钟就能筛选出来！

先看 12 个指标及其参考数值范围：

（1）现价 <120 元，确保以后卖出有一定盈利空间。

（2）可转债正股 PB>1.5，PB 指标越大越好，说明其受追捧。

（3）有息负债率 0 ~ 70% 之间，确保安全，且公司愿意借贷。

（4）股票质押率只要不是 0 就可以，说明大股东在资本运作。

（5）总市值 <250 亿元，选择小公司波动性更大。

（6）同行业不超过 2 只。

（7）评级在 AAA、AA+、AA、AA-、A+ 范围内。

（8）强赎状态没有红色或橙色感叹号提示，说明近期没有强制赎回计划。

（9）回售触发价只要有就可以。

（10）剩余年限 >1.5 年。

（11）可转债剩余规模 >0.5 亿元。

（12）到期税前收益 >0。

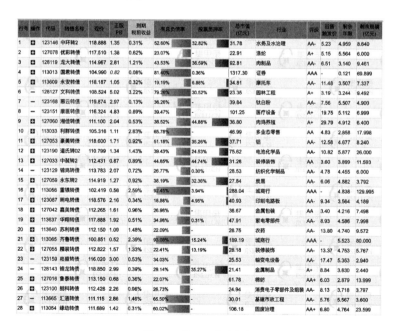

图 4.3　集思录筛选指标

这些指标是我自己常用的，过去 10 年给我带来了年均

10%～20% 的收益。最近 4 年，我还分享给了一些伙伴，他们的收益也大多在这个范围内。这些指标标准 10 年来都没多大变动，说明它们的适用性很不错，经得起市场的考验。

其实，这些指标之所以有效，一方面，是因为它们揭示了可转债的底层逻辑，符合一般性规律；另一方面，也是因为可转债这个投资品设计得相当成熟，规则也很完善，很少有大的变动。**当然，证券市场变化多端，投资者也要关注市场变化并持续创新。**

掌握这些指标和工具，你也能成为自己的投资决策者，学会在这个庞大的可转债市场中找到属于自己的宝藏！

第三节

何时买：什么时机适合买入可转债

投资可转债就像种豆芽。"买什么"是选择好种子，"买多少"就像是准备好足够养料，而"何时买"就是选择播种时机。投资可转债请记住一句话：按指标选择，买入不要等，买好了等着。也就是只要符合上一节十二大指标的可转债，就可以直接买，不需要等待特别的时机。

因为选时机的核心是等待低价，而符合指标的可转债本身就是相对低价，距离每张 130～140 元强制赎回价有获利的空间，而绝大多数可转债都是被强制赎回而结束，所以，达到每张130 元以上是大概率事件，相对低价买入就会大概率获利。

这就如种豆芽时，只要选对种子和养料，再有合适的"温度"，在任何季节都可以培育出豆芽。这里说的"温度"，用在可转债上，就是整个股市的市场温度。如果股市特别火爆，温度过高会把种子烤熟了，没法培育出豆芽。股市"高温"时，几乎每只可转债都会高于每张 130 元，此时如果高价买入，后面大概率会亏损，此时若按十二大指标的"现价"条件，首先就不适合买入了，所以指标会自动禁止投资者购买高价可转债，从而远离股市的高温期。

> 择时而入，低价收购，赚持续确定的收益。

12 个买入参考指标的设计精妙之处，不仅能帮投资者自动躲开高价买入的陷阱，还能让投资者保护好自己的胜利果实。

在股市里经常流传一句话："如果市场太高、太火爆，赚得差不多了，就别再炒股了！"但什么叫"太高""太火爆""赚得差不多了"，用十二大指标就可以立即判断出来。那些一头雾水的股票投资者，很难判断当前股票价格是高位还是低位。所以，股票投资很容易因为买在高位或者持有不放而亏损。

在 2015 年上半年，股市暴涨，几乎所有的可转债都涨到了每张 130 元以上。当我们获利颇丰后，打算再次入场，结果发现没有符合买入条件的可转债了。于是，我们决定暂时离开这个火爆的市场，不买任何可转债，因而成功躲过了 2015 年下半年的暴跌。可那些股票投资者呢？他们在上半年获利颇丰后，因不知道何时该收手，结果下半年不仅把之前赚的钱亏光，连本金也搭进去了。

所以，严格按照十二大指标，不仅能让投资者躲开风险，更能让投资者的投资之路变得很轻松。

第四节

买多少：可进可退的资金投入计划

总的投资资金在手，不要轻易一次性投入，而是要先投入总资金的一半，且分成 10 份等额买入 10 只可转债，剩下的总资金作为备用，万一出现下跌，可以用来补仓以更低的价位买入。假设投资者的资金规模是 100 万元，那么就用 50 万元来购买 10 只可转债，每只平均金额为 5 万元。

第三章第十节已经详细解释过了，这样做的原因是为了分散风险，让机会雨露均沾。但是，这里特别强调要避免两个常见的误区。

　　第一个误区是一次性投入过多。有些投资者可能会急于把全部资金一股脑投进去，生怕留下的资金会错过投资机会。实际上，这种做法是不专业的表现。就算是巴菲特，他手上常年持有巨额股票投资，但同时也保留了几千亿美元的现金。即使是长期价值投资的典范，也不会一次性把所有的资金都投进去。就拿 2008 年 9 月美国金融危机最严重的时候来说，巴菲特斥资 50 亿美元入股华尔街知名投行高盛。但巴菲特的要求是，高盛每年支付给他 10% 的年利息，并且他还有权利按照打折的价格换得高盛的股票。这样一来，如果未来高盛股票上涨，他就能获得更高的收益。所以，无论何时，留一手都是特别明智的决定。

　　第二个误区是首次投入过少。别再试探性投入一点点资金了，那样只会让自己心理失衡，最终导致投资惨败。有个投资者计划投入 100 万元总资金，但他开始只敢用 10 万元来试水，获利了 1 万元后，才敢于投入 50 万元。结果，市场稍微一波动下跌 2%，他新投入的 50 万元就亏损了 1 万元。这时候，他的心态就不好了：前面那么长时间好不容易赚了 1 万元，这没几天就亏光了！而且，他还担心会倒亏更多，就把所有的可转债都卖掉了，结果投资彻底失败。

　　所以，建议把总资金分成两批，首次投入一半。这样，投资计划进可攻、退可守。剩下的一半资金可以参与证券市场的短期投资品种，比如北交所打新、REITs 打新、国债逆回购等。如果已经投入的可转债出现下跌，别慌张！用剩下的资金补仓买入，就像巴菲特救高盛一样，抓住机会以更低的价格买入。下一节，将详细介绍如何低价补仓买入。

第五节

怎么补仓：捡便宜的机会，千万要把握

在配置可转债时，如果采取分批买入的策略，那么同一只可转债第二次买入即为补仓。需要注意三个方面：补仓金额、补仓时机、补仓次数。

（1）补仓买入的金额与上次买入金额相同。

（2）补仓买入的时机是在可转债下跌到补仓价格时，补仓价格的计算公式为：补仓价格 = 上次买入（或补仓买入）价格 - 2× 剩余年限。

（3）补仓次数不超过 3 次。

下面用十个小猪储蓄罐投硬币来模拟首批买入及补仓的整个过程（见图 4.4）。

第一批，每个小猪存钱罐都投入了一枚硬币，假设是 5 万元。然后，第二批来了，有些小猪存钱罐里的硬币价值下跌了，需要

再加硬币进去；而有些小猪存钱罐里的硬币价值上涨了，可以卖出获利。这就像是可转债投资中的补仓和卖出。

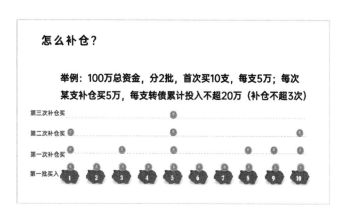

图 4.4　怎么补仓

以第一个小猪存钱罐为例，第一批投了 5 万元，但是价值继续下跌到了第一次补仓价位，这时就需要再投入第二批资金；再下跌到新的补仓价位，这时就需要投入第三批资金。有些小猪存钱罐甚至像第五个小猪存钱罐一样，一直下跌到了第三次补仓价位，需要第四批资金投入，三次补仓。但是，如果像第二个小猪存钱罐一样，第一次投了 5 万元，小猪存钱罐里的硬币价值上涨了，就可以在达到目标价位时卖出，获取利润。

最后会发现，在这十个小猪存钱罐里，有的只需要投入一次 5 万元，有的需要投入两次共 10 万元，有的需要投入三次共 15 万元，有的需要投入四次共 20 万元。但是，总体来看，100 万元的资金基本可以满足各个小猪存钱罐的补仓需求。这就是基本的补仓策略。

为了更好地理解补仓价格的计算公式，来举例说明。假设投资者有 100 万元的总投资资金，第一批共买入 10 只可转债，每只 5 万元，一次性投入 50 万元。现在，来分析其中一只可转债的情况。假设第一次买入时的价格是每张 110 元，剩余年限为 5 年，补仓价为 110-2×5=100 元，即这只可转债价格下跌到每张 100 元时，会补仓买入 5 万元。

补仓后发现这只可转债的剩余年限为 4.5 年，那么下一次补仓价为 100-2×4.5=91 元（这里的上次买入价就是第一次补仓买入的价格），即这只可转债价格又下跌到每张 91 元，再次补仓买入 5 万元。就这样，每次补仓的价格都比上一次买入价更低，这就是补仓的本质，也是获得利润的关键。

当然，在计算补仓价格时，要注意可转债的补仓价格会随着剩余年限的变化而变化。比如，在上面的例子中，剩余年限为 5 年，那么每下跌 10 元就相当于每年打折 2 元。而当剩余年限为 4.5 年时，只要下跌 9 元，也相当于每年打折 2 元。也就是说，每次补仓的价位，都是在上次买入价的基础上再有每年 2 元的折价。

当然，投资需要追求模糊的正确，而不是精确的失误。比如，在补仓价格计算中，上下相差 1 元以内是可以接受的。因为最终卖出时的价格都在每张 130 元以上，到那个时候，投资者就会感叹：“当初差 1 元钱区别真的很小。”但是，也要有底线思维，不能觉得差 2 元、3 元相比卖出价似乎差别也不大，然后无止境地放宽条件，看到下跌一些就补仓。无规矩不成方圆，原则还是要遵守的。

在等待下跌补仓的过程中，一定要有耐心。可转债属于低波动品种，特别是那些在每张 100 元附近的可转债，波动几元就已经算相当大的波动了。但是，有些投资者就是忍不住，整天盯着可转债，距离补仓价格越近，他们的心理活动就越复杂。一会儿，他们担心可转债会不会跌不到补仓价格，总有冲动要提前买入；一会儿，他们又担心后面会不会比补仓价下跌更多，想在更低的价位买入补仓。

这些想法不可取，完全偏离了轻松理财、幸福生活的目标。所以，在每次买入后，直接就设置好下一次补仓的价格条件单。让工具自动化操作，可以安心地生活和工作，不用整天为了补仓而烦恼。

每只可转债补仓限 3 次，也就是一只可转债最多买 4 次，含首次买入及 3 次补仓买入。比如，上例 100 万元的投资中，如果有一只可转债总是下跌，最多也只能补仓 3 次，加上第一批 5 万元，总共 4 次，一只可转债总投入不能超过 20 万元，即单只可转债总买入不超过总资金的 20%（见图 4.5），这是极限。投资中，一定要控制单只可转债投入的总资金量。如果过多投入，只要这只可转债长期没有收益，就会打乱整个投资计划，甚至导致亏损。另外，过多投入一只可转债必然会使投资者过度关注它，要么觉得这只可转债的质地不太好，不如其他可转债；要么感觉长时间没涨是不是有问题。如果此时再听到市场传闻一些"鬼故事"，比如，各种风险提示、公司不好的信息等，必然会导致投资者心情压抑，甚至心态失衡。因此，必须控制单只可转债的投资本金，适当分散来控制风险。另外一个原因是：第 3 次补仓会在可转债跌到每张 80 元左右。补仓是捕捉便宜价，但是低于 80 多元时，说明发行可转债的公司已发生重大问题，可能需要进行置换，那当然不需要再补仓。哪些情况下可转债需要置换、如何置换，将在下一节介绍。

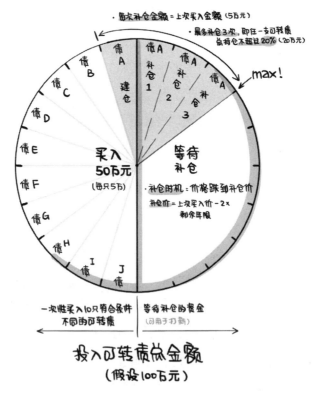

图 4.5 买入、补仓策略

置换：买入后哪些情况，需要及时置换

买入可转债后，十二大买入指标中如果有息负债率、评级、强制赎回状态这三个参数发生变化时，需要置换已买入的可转债。

一、有息负债率变化

当某只可转债的有息负债率上升到 70% 以上时，意味着这家公司借钱越来越多了。要么是公司变得越来越贪心，要么是公司本来只借了 70%，但后来自有本金亏损，导致借款在总资产中的比例超过了 70%。不管是哪种原因导致有息负债率上升，都必须在 6 个月内进行置换。超过 6 个月，可能会开始出现连锁反应，比如公司经营不善，或者公司遇到新的困难，情况会越来越糟糕。所以，要在 6 个月内果断置换掉这只可转债。

如正邦转债（见图 4.6），2022 年 4 月底，上市公司公布了

2021 年的财务报表，分析后，发现该公司的有息负债率从 2020
年的 58.56% 猛增到 92.6%！这可不是好兆头！这时候，正邦转
债的市场价是每张 100.9 元，接下来 6 个月内最高价飙升到每张
126 元。如果投资者没有及时抛售，到了 2023 年，它的有息负
债率已经增加到了 214.48%！超过 100% 负债的公司就相当于是
负资产了。而正邦转债的现价也跌到了每张 62.3 元。虽然不知
道这家上市公司最终会不会破产，也不知道正邦转债是否能安
全还钱，但仅是看到现价低迷，投资者的睡眠质量就会大打折扣。

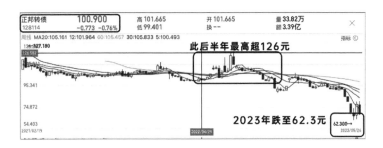

图 4.6　正邦转债价格走势

在置换新可转债的操作中，先对原可转债用保本价设置一个
卖出价格条件单（关于卖出策略的详细介绍请参考第五章）。如
果在 6 个月内，可转债的价格达到了保本价，软件会自动执行卖
出操作，然后再重新买入一只符合条件的可转债。如果 6 个月过
去了，还是没能保本卖出，那就立即手动以市场价卖掉，同时买
入与市场价一致的新可转债。

二、评级变差

当某只可转债的评级降低到低于 A+ 时，投资者也要在 6 个月内进行置换操作。超过 6 个月，就要立即卖掉，并同时买入一只新的可转债。就像是在选择朋友一样，要和高素质的人交往，不能和评级变差的可转债做朋友！

思创转债（见图 4.7），2022 年 6 月 24 日，上市公司发出公告，评级机构把公司可转债的评级从 AA- 降到了 A！这时候，思创转债的市场价格是每张 105.75 元。接下来的 6 个月内，最高价曾经涨到每张 115 元左右，给出充分的时间保本卖出。如果没有及时卖出，到了 2023 年上半年，思创转债市场价格下跌到每张 86.3 元左右。而且市场上传出许多对公司不利的消息，负面预期让人担忧，此时将很难抉择。

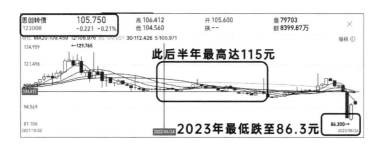

图 4.7　思创转债价格走势

评级变差后的置换可转债操作，与有息负债率变化后操作一致，这里不重复介绍。

三、强赎状态变化

当某只可转债强赎状态显示红色或者橙色标识时，需要立即置换。

比如，2023 年 5 月 9 日，现代转债公告（见图 4.8）已符合强制赎回条件，将于 2023 年 6 月 12 日启动强制赎回。此时，就当立即置换。因为强制赎回价只有每张 100 元，远低于市场现价。

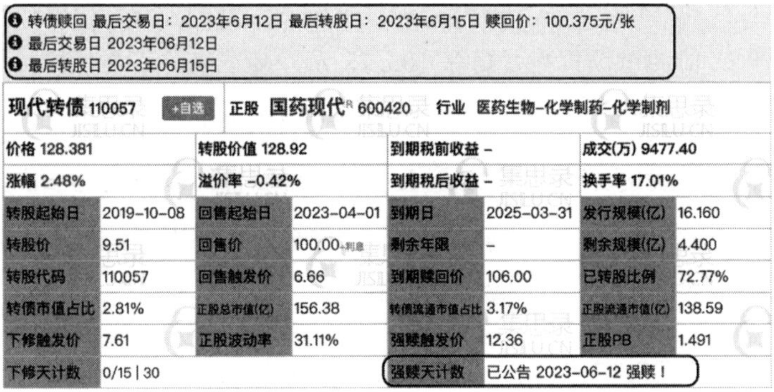
转债赎回 最后交易日：2023年6月12日 最后转股日：2023年6月15日 赎回价：100.375元/张
最后交易日 2023年06月12日
最后转股日 2023年06月15日

现代转债 110057 +自选 正股 国药现代R 600420 行业 医药生物–化学制药–化学制剂

价格 128.381		转股价值 128.92		到期税前收益 –		成交(万) 9477.40	
涨幅 2.48%		溢价率 –0.42%		到期税后收益 –		换手率 17.01%	
转股起始日	2019–10–08	回售起始日	2023–04–01	到期日	2025–03–31	发行规模(亿)	16.160
转股价	9.51	回售价	100.00+利息	剩余年限	–	剩余规模(亿)	4.400
转股代码	110057	回售触发价	6.66	到期赎回价	106.00	已转股比例	72.77%
转债市值占比	2.81%	正股总市值(亿)	156.38	转债流通市值占比	3.17%	正股流通市值(亿)	138.59
下修触发价	7.61	正股波动率	31.11%	强赎触发价	12.36	正股PB	1.491
下修天计数	0/15 | 30			强赎天计数	已公告 2023–06–12 强赎！		

图 4.8　现代转债强赎状态提醒

置换操作是非常简单的，不简单的是严格执行。成功者皆为果断行动者，犹犹豫豫者多因错失良机而追悔莫及。之前正邦转债有息负债率变化时，就有投资者没有按章操作，后来价格下跌惨不忍睹，还心存幻想，居然还在等所谓的“看情况好了再卖掉”的时机。没人知道后面是更好的情况，还是更坏的情况！所以，再次提醒，务必严格执行相关指标，切莫抱有不切实际的侥幸心理。

第七节

条件单买入：用好自动交易，真正实现"躺赚"

　　买卖可转债操作就好比驾驶一辆车，手动买卖就是驾驶手动挡的普通车，而自动交易条件单就像自动驾驶车，360度监控自动驾驶，体验感好太多了。有了自动驾驶再也不用时刻盯着汽车，只需要稍加设置和调整即可。

> 使用条件单买入的最大好处就是避免频繁操作，保持稳定心态，坐等好结果。

　　我亲身体验过没有条件单的日子，投资真的就像回到了"原始社会"。整天盯着股票软件，眼睛看坏了，颈肩腰椎也受损了，而且过度关注股票导致没时间陪伴家人，回想起那段日子，真的不知道是怎么熬过来的。还有一次，有一只可转债当天波动太快，没来得及卖出，结果后来价格又下跌，一天就错失利润几十万元，真是惨痛的教训！所以，投资者一定要记住，条件单使用真的很重要，它能让你真正实现"躺赚"，不用再为投资疯狂忙碌。

接下来看看如何使用条件单。在各大证券公司，基本上都有类似的功能，目前看来一些条件单的体验比较好。设置条件单其实非常简单（见图4.9和图4.10），只需要设定好价格、委托数量和截止日期，然后提交创建即可。

图4.9　条件单买入设置一　　　图4.10　条件单买入设置二

只要在开市期间（工作日的9：30—11：30和13：00—15：00），市场价格符合设定的条件，软件就会自动买入（见图4.11），就是这么简单。不过要注意，一定要提前准备好足够的资金，否则可能会出现"资金余额不足"的尴尬情况，导致委托买入失败。这时候，投资者就需要重新设置条件单并准备好资金。

图 4.11　条件单买入设置三

　　搞定这几步，就可以成为一个快乐的投资人！投资者可以专心上班，尽情玩耍，其他的交给软件来执行。推荐投资者采用条件单交易模式，特别是老股民，他们体验过后，就像开过自动驾驶车一样，惊呼道："原来车子还能这么开！"一旦投资者尝试过，就再也不想失去条件单了！

本章小贴士

资金准备是第一步，非常重要！请记住"333"原则：3年不用的资金，3万元以上，家庭年收入3倍以下的总金额。

买什么：如何识别当下最适合买入的可转债（十二大指标 +1 个工具秒搜）。

何时买：什么时机适合买入可转债，就像烤大饼一样，一般不需要等待特别时机，资金和十二大指标符合即可。

买多少：为保证可进可退，第一批使用总资金的一半，平均买入十只可转债。

怎么补仓：捡便宜的机会，千万要把握，在可转债跌到补仓价（补仓价 = 上一次买入价 −2× 剩余年限）时，买入与上次同等的金额，且补仓以 3 次为限。

置换：买入后出现以下三类情况，需要置换，即有息负债率超过 70% 或者评级变差至 A+ 以下，半年内置换；强赎状态有红色或橙色提醒，需要尽快置换。

条件单买入：用好自动交易，真正实现轻松获利。

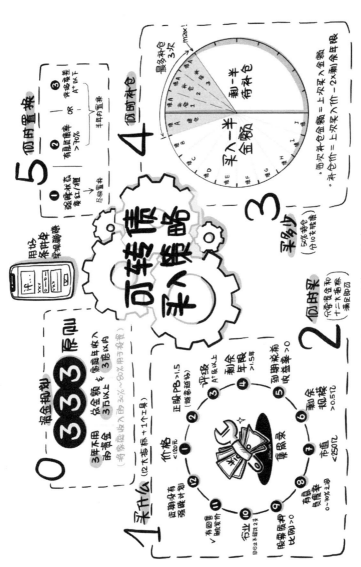

图 4.12 可转债买入策略

会买的是徒弟，会卖的才是师父。

第五章

卖出策略：怎么卖才能获利更多

说起买卖之道，俗语说得好："会买的是徒弟，会卖的才是师父。"普通投资者常常过度关注买入时机，而专业投资者更加注重卖出时机。因为好的卖出时机点，直接决定投资者能否实现投资目标。

有位新手投资者兴奋地说："今天去参加孩子学校组织的活动，在此期间手机上的投资软件竟然自动卖出了一只可转债，赚了 11 000 元，孩子下学期的学费都有了！"这样轻松的获利模式简直让人难以置信，第一次深刻体会被动收入带来的莫大惊喜。相信很多参与学习的投资者对此深有体会，对于不了解的人，这样轻松投资的盈利方式几乎是天方夜谭。而且，这位投资者投资时间还不到三个月，类似的成功并非个案。那么，他们究竟做对了什么呢？这正是本章要揭秘的三种卖出策略。这些策略适合各种类型的可转债投资者，新手也能轻松掌握，在投资领域里不断被验证，简单且高效。

下面就一起揭开卖出策略的神秘面纱吧！

第一节

找规律：让统计数据说话

投资本身是一项超理性的经济活动，尤其依赖统计数据和逻辑分析。虽然这些词听起来有些高深莫测，其实数据分析和日常生活密不可分。

想象一下：你是一个热衷旅行的人，计划去一个完全陌生的城市探险。希望确保旅行顺利，充满乐趣，还要在有限的预算内玩个痛快。如果你只凭直觉随意挑选路线和活动，而不进行任何数据分析，那就有可能错过一些超棒的景点和体验，还可能花费过多的时间和金钱。

如果利用统计数据进行分析，情况就会截然不同。你会开始收集目标城市的旅行指南，看看其他游客的评价，了解当地景点的票价和开放时间。研究不同季节的旅游高峰期，淡旺季酒店和交通价格的变化。通过记录这些统计数据，就能更好地规划行程，挑选最引人入胜的景点，拿到优惠的价格，进而避开人山人海和天价门票。这样你就能在旅途中轻松自在，既享受了旅行的乐趣，同时又能更充分地利用好你的预算。

可见，数据在生活中的重要性，尤其在理财投资这个领域。现在来看看可转债的 2001—2023 年的历史统计结果（见图 5.1），这些数据来自 Wind 金融数据和集思录网站。累计 23 年的数据比较繁多，这里不一一呈现，有兴趣的读者可以对照集思录网站统计的 2021—2023 年的详细数据（见表 5.1），与总体 23 年的统计结果类似。

图 5.1　2001—2023 年可转债统计结果

图中有五个重要数据点：

（1）历史上 99% 的可转债最高价都曾到达并超过每张 130 元。

（2）有 94% 的可转债最高价到达过每张 140 元。

（3）有 91% 的可转债在到期之前就赎回了，也就是它们根本不等 6 年期满就被"解救"了。

（4）历史上已上市的可转债平均最高价是每张 201 元。平均每支可转债价格都曾经翻倍，超出了很多投资者的预期。

（5）历史上已上市可转债退市当天的平均收盘价是每张163 元左右。

根据这组数据，可以得出一个简单的结论：可转债的强制赎回规则很有效，它往往能把可转债的价格推到每张 130 元以上。如果一只可转债价格从没达到过每张 130 元，也完全可以期待它有一天会到达每张 130 元，实际上更好的卖出时机在每张 140 元或者更高。所以，在规则内耐心等待更高的卖出点是个明智的策略。

表 5.1 2021—2023 年退市可转债历史数据

名 称	退市交易价	最低收盘价	最高收盘价	退市日期	存续年数	退市原因
法本转债	105.2	102.088	169	2023 年 12 月 29 日	1.2	强赎
迪龙转债	105.88	90.4	178.01	2023 年 12 月 22 日	6	到期
胜达转债	125.102	90.92	144.51	2023 年 12 月 21 日	3.5	强赎
吉视转债	105.877	89.29	156.27	2023 年 12 月 21 日	6	到期
多伦转债	116.44	85.96	170.421	2023 年 12 月 20 日	3.2	强赎
天康转债	120.86	87.6	278.23	2023 年 12 月 19 日	6	到期
中银转债	127.712	107.88	144.955	2023 年 12 月 13 日	1.7	强赎
铁汉转债	105.764	88.2	128.151	2023 年 12 月 13 日	6	到期
众兴转债	105.88	84.001	151	2023 年 12 月 8 日	6	到期
特一转债	230.745	90.998	309	2023 年 12 月 1 日	6	到期
东湖转债	165.724	99	173.6	2023 年 11 月 30 日	2.6	强赎

名　　称	退市交易价	最低收盘价	最高收盘价	退市日期	存续年数	退市原因
亚太转债	107.701	84.469	139.1	2023 年 11 月 29 日	6	到期
全筑转债	97.032	64.235	192.27	2023 年 11 月 28 日	3.6	重整
兄弟转债	105.828	89.802	160.329	2023 年 11 月 23 日	6	到期
国祯转债	105.941	99.106	156	2023 年 11 月 21 日	6	到期
亚康转债	180.3	145	351	2023 年 11 月 16 日	0.7	强赎
远东转债	128.604	103.08	162.1	2023 年 11 月 6 日	4.1	强赎
中矿转债	340	116	995.5	2023 年 11 月 3 日	3.4	强赎
天地转债	116.202	114.1	272	2023 年 10 月 31 日	1.6	强赎
金禾转债	105.9	98.3	266	2023 年 10 月 27 日	6	到期
中钢转债	115.72	113.202	215.2	2023 年 10 月 25 日	2.6	强赎
伯特转债	202.714	130.69	295.65	2023 年 10 月 25 日	2.3	强赎
明泰转债	149.724	96.62	464.74	2023 年 10 月 18 日	4.5	强赎
苏银转债	130.499	104.6	132.72	2023 年 10 月 16 日	4.6	强赎
天铁转债	161.5	113.102	517.979	2023 年 9 月 25 日	3.5	强赎
润建转债	130.003	90.701	225	2023 年 8 月 16 日	2.7	强赎
搜特转债	18.002	18.002	122.6	2023 年 8 月 11 日	3.4	正股退市
正邦转债	84.813	62.604	173.003	2023 年 8 月 4 日	3.1	正股重整
英联转债	149.28	103.787	299.952	2023 年 8 月 4 日	3.8	强赎
Z 蓝转退	26.93	25.22	408	2023 年 7 月 28 日	5	正股退市

续上表

名　称	退市 交易价	最低 收盘价	最高 收盘价	退市日期	存续 年数	退市 原因
三花转债	127.44	112.5	163.313	2023 年 7 月 26 日	2.2	强赎
贝斯转债	141.444	88.3	169.99	2023 年 7 月 24 日	2.7	强赎
凯发转债	106.35	85.499	215.007	2023 年 7 月 24 日	5	到期
一品转债	162.925	117.109	216.21	2023 年 7 月 19 日	2.5	强赎
国君转债	104.919	100.06	133.29	2023 年 7 月 3 日	6	到期
城市转债	106.76	106.76	392	2023 年 6 月 29 日	1.4	强赎
小康转债	170.796	88.9	638.28	2023 年 6 月 16 日	5.6	强赎
现代转债	117.742	101.01	145.254	2023 年 6 月 12 日	4.2	强赎
寿仙转债	208.609	117.37	268.435	2023 年 5 月 31 日	3	强赎
模塑转债	109.851	84.201	308	2023 年 5 月 29 日	6	到期
上能转债	136.2	136.2	235.5	2023 年 5 月 24 日	0.9	强赎
万兴转债	255	109.556	318	2023 年 5 月 12 日	1.9	强赎
特发转 2	106.333	92.1	160	2023 年 5 月 5 日	2.7	强赎
嵘泰转债	102.423	102.423	170.419	2023 年 5 月 4 日	0.7	强赎
汉得转债	120.55	86.059	161.056	2023 年 4 月 24 日	2.4	强赎
太极转债	212.744	104.98	216.174	2023 年 4 月 17 日	3.5	强赎
朗新转债	165.76	98.9	268.549	2023 年 4 月 17 日	2.4	强赎
永东转债	107.787	90.958	137.368	2023 年 4 月 11 日	6	到期
美联转债	162.606	88.7	277.388	2023 年 4 月 7 日	2.8	强赎
盘龙转债	142.1	130.2	473	2023 年 3 月 24 日	1.1	强赎
杭叉转债	114.095	105.72	149.409	2023 年 3 月 20 日	2	强赎

续上表

名　称	退市交易价	最低收盘价	最高收盘价	退市日期	存续年数	退市原因
百达转债	121.065	88.58	148.79	2023年3月20日	3	强赎
光大转债	104.91	100.11	128.54	2023年3月13日	6	到期
君禾转债	126.199	91.6	178.049	2023年3月9日	3	强赎
卡倍转债	116.223	116.223	460	2023年3月9日	1.2	强赎
拓尔转债	245.5	99.601	245.5	2023年3月2日	2	强赎
日丰转债	122.499	106.217	204	2023年2月24日	1.9	强赎
华通转债	153.977	85.01	234.58	2023年2月23日	4.7	强赎
苏试转债	214.9	112	278	2023年1月9日	2.5	强赎
元力转债	117.9	106.3	149.5	2023年1月3日	1.3	强赎
台华转债	132.045	94.49	273.24	2022年12月30日	4	强赎
太阳转债	139.352	95.803	267.288	2022年12月19日	5	到期
江丰转债	134.2	112.8	212.702	2022年12月16日	1.3	强赎
众信转债	175	90.18	188.39	2022年12月15日	5	强赎
华森转债	131.852	89.411	186	2022年12月12日	3.5	强赎
久其转债	120.5	87.99	156	2022年12月6日	5.5	强赎
亨通转债	109.003	94.82	152.785	2022年11月30日	3.7	强赎
铂科转债	114.005	114.005	214	2022年11月25日	0.7	强赎
九典转债	137.77	112.3	168	2022年11月22日	1.6	强赎
上22转债	128.339	110.54	196.143	2022年11月10日	0.7	强赎
济川转债	134.332	101.11	150.57	2022年11月8日	5	到期
利尔转债	141.5	98.398	205.009	2022年10月31日	4	强赎

续上表

名　称	退市交易价	最低收盘价	最高收盘价	退市日期	存续年数	退市原因
哈尔转债	109.999	89.23	161.1	2022 年 10 月 27 日	3.2	强赎
蓝晓转债	403.133	107.2	476.3	2022 年 10 月 18 日	3.4	强赎
升 21 转债	118.324	107.92	150.674	2022 年 9 月 23 日	0.8	强赎
锦浪转债	155	115.99	195	2022 年 9 月 21 日	0.6	强赎
金博转债	108.794	105.085	175.41	2022 年 9 月 20 日	1.2	强赎
嘉澳转债	117.524	85	175.805	2022 年 9 月 19 日	4.9	强赎
迪森转债	107.777	85.025	178.1	2022 年 9 月 19 日	3.5	强赎
三超转债	143.6	102	223	2022 年 9 月 8 日	2.1	强赎
美力转债	103.321	100.3	155.598	2022 年 9 月 2 日	1.6	强赎
中大转债	180.02	113.678	293.246	2022 年 8 月 29 日	0.8	强赎
雷迪转债	141.666	92.805	186.316	2022 年 8 月 26 日	2.5	强赎
傲农转债	150.843	100.06	181.83	2022 年 8 月 26 日	1.5	强赎
海兰转债	166.011	89.15	302.69	2022 年 8 月 23 日	1.7	强赎
高澜转债	154	90.76	264.1	2022 年 8 月 19 日	1.7	强赎
祥鑫转债	293	91.33	293	2022 年 8 月 18 日	1.7	强赎
同和转债	140.388	95.105	253.8	2022 年 8 月 15 日	1.8	强赎
石英转债	982.741	110.75	1065.9	2022 年 8 月 9 日	2.8	强赎
赛伍转债	130.45	112.77	161.12	2022 年 7 月 29 日	0.8	强赎
鹏辉转债	369.2	104.5	409.6	2022 年 7 月 28 日	1.8	强赎
嘉友转债	142.36	92.6	158.53	2022 年 7 月 25 日	2	强赎
洪涛转债	107.797	82.799	147.015	2022 年 7 月 14 日	6	到期

续上表

名　　称	退市 交易价	最低 收盘价	最高 收盘价	退市日期	存续 年数	退市 原因
交科转债	124.911	101.5	142.88	2022 年 7 月 7 日	2.2	强赎
湖盐转债	165.61	92.14	170.75	2022 年 7 月 6 日	2	强赎
创维转债	142.555	92	158.4	2022 年 6 月 28 日	3.2	强赎
荣晟转债	128.46	99.99	193.97	2022 年 6 月 27 日	2.9	强赎
新春转债	155.29	87.08	244.91	2022 年 6 月 10 日	2.3	强赎
海印转债	111.3	81.991	134.8	2022 年 5 月 23 日	6	到期
常汽转债	154.46	109.55	261.18	2022 年 4 月 18 日	2.4	强赎
天合转债	100.15	100.15	180.86	2022 年 4 月 12 日	0.7	强赎
宁建转债	146.91	90.05	242.43	2022 年 4 月 11 日	1.8	强赎
岱勒转债	136.8	91.909	181	2022 年 3 月 21 日	3	强赎
盛屯转债	188.02	99.31	314.2	2022 年 3 月 17 日	2	强赎
核能转债	129.42	99.9	149.82	2022 年 3 月 8 日	2.9	强赎
百川转债	233.39	93.7	467.2	2022 年 3 月 1 日	2.2	强赎
同德转债	164.881	108.801	235.8	2022 年 3 月 1 日	1.9	强赎
奥瑞转债	128.5	107.4	178.499	2022 年 2 月 28 日	2	强赎
东财转 3	114.5	108.52	171.85	2022 年 2 月 28 日	0.9	强赎
银河转债	268.5	102.714	511	2022 年 2 月 24 日	2.1	强赎
星帅转债	141.5	107.299	207	2022 年 2 月 24 日	2.1	强赎
中鼎转 2	175	102.047	232.771	2022 年 2 月 23 日	3	强赎
比音转债	171	110.302	204.78	2022 年 2 月 22 日	1.7	强赎
正元转债	162.88	104.11	353.805	2022 年 2 月 17 日	2	强赎

续上表

名　称	退市交易价	最低收盘价	最高收盘价	退市日期	存续年数	退市原因
钧达转债	463.49	93.01	510.61	2022年1月26日	3.1	强赎
滨化转债	169.2	104.37	311.15	2022年1月10日	1.8	强赎
广汽转债	106.43	98.81	146.84	2022年1月7日	6	到期
九州转债	107.73	100.9	143.96	2021年12月30日	6	到期
三星转债	121.83	100.91	153.74	2021年12月30日	2.6	强赎
宝通转债	132.101	94.995	169.363	2021年12月30日	1.6	强赎
伟20转债	164.91	105.13	173.88	2021年12月28日	1.2	强赎
长城转债	258.95	88.66	295.97	2021年12月23日	2.8	强赎
精研转债	149	93.799	172.66	2021年12月17日	1	强赎
中天转债	178.19	100.16	191.96	2021年12月16日	2.8	强赎
隆利转债	162.2	100.99	202.3	2021年12月15日	1.1	强赎
健20转债	142.12	106.6	154.56	2021年12月14日	1	强赎
清水转债	321	80.5	426	2021年11月29日	2.4	强赎
东缆转债	239.44	111.05	259.59	2021年11月29日	1.2	强赎
博彦转债	142.5	101.204	146.301	2021年11月29日	2.7	强赎
康隆转债	156.27	108.31	365.45	2021年11月18日	1.6	强赎
华自转债	263	100.58	331.3	2021年11月18日	0.7	强赎
金诺转债	185.554	93.182	271.68	2021年11月5日	1.1	强赎
蒙电转债	145.03	94.28	179.28	2021年11月4日	3.9	强赎
国贸转债	101.64	101.64	141.08	2021年11月4日	5.8	强赎
时达转债	101.155	84.15	151.529	2021年10月27日	4	强赎

续上表

名　称	退市交易价	最低收盘价	最高收盘价	退市日期	存续年数	退市原因
久吾转债	216.198	98.171	377.08	2021 年 10 月 20 日	1.6	强赎
今天转债	105.2	98.828	178	2021 年 10 月 14 日	1.4	强赎
弘信转债	104	92.6	169.09	2021 年 10 月 11 日	1	强赎
林洋转债	165.36	87.42	165.36	2021 年 9 月 28 日	3.9	强赎
三祥转债	155.39	103.56	183.1	2021 年 9 月 23 日	1.5	强赎
九洲转债	234.5	102.511	310	2021 年 9 月 14 日	2.1	强赎
永冠转债	184.1	99.49	184.1	2021 年 9 月 9 日	0.8	强赎
运达转债	271	111.01	309	2021 年 9 月 8 日	0.8	强赎
光华转债	184.6	95.922	228.304	2021 年 9 月 7 日	2.7	强赎
星源转 2	261.303	109	266.299	2021 年 9 月 6 日	0.6	强赎
骆驼转债	152.25	93.96	152.25	2021 年 9 月 2 日	4.4	强赎
新凤转债	116.86	93.83	148.98	2021 年 8 月 31 日	3.4	强赎
金力转债	150.7	101.95	167.36	2021 年 8 月 30 日	1.8	强赎
司尔转债	162.2	95.203	176.48	2021 年 8 月 24 日	2.4	强赎
新泉转债	213.7	93.79	295.33	2021 年 8 月 17 日	3.2	强赎
赛意转债	193.08	108.76	235	2021 年 8 月 13 日	0.9	强赎
道氏转债	196.1	87.223	221.8	2021 年 8 月 12 日	3.6	强赎
星宇转债	141.8	126.87	157.7	2021 年 8 月 2 日	0.8	强赎
福 20 转债	181.53	126.67	209.47	2021 年 7 月 28 日	0.7	强赎
双环转债	173.021	89.1	204.1	2021 年 7 月 27 日	3.6	强赎
华菱转 2	141.582	101.014	170.5	2021 年 7 月 15 日	0.7	强赎

续上表

名　　称	退市交易价	最低收盘价	最高收盘价	退市日期	存续年数	退市原因
欧派转债	185.1	117.91	250.71	2021 年 7 月 9 日	1.9	强赎
欣旺转债	142.5	116.8	163.5	2021 年 7 月 5 日	1	强赎
淮矿转债	136.04	105.55	155.69	2021 年 7 月 1 日	1.5	强赎
英科转债	1380	113.352	3420.4	2021 年 6 月 28 日	1.9	强赎
永创转债	175.98	100	175.98	2021 年 6 月 25 日	1.5	强赎
紫金转债	144.39	137.89	210.06	2021 年 6 月 25 日	0.6	强赎
航信转债	106.7	99.48	154.72	2021 年 5 月 28 日	6	到期
天目转债	100.18	100.18	143.6	2021 年 5 月 18 日	1.2	强赎
赣锋转 2	173.8	115	231.999	2021 年 5 月 11 日	0.8	强赎
森特转债	191.2	90.35	226.76	2021 年 4 月 29 日	1.4	强赎
瀚蓝转债	122.3	121.96	165.99	2021 年 4 月 27 日	1.1	强赎
隆 20 转债	166.13	134.6	231.91	2021 年 3 月 30 日	0.7	强赎
凯龙转债	148.295	102.987	376.65	2021 年 3 月 23 日	2.3	强赎
明阳转债	141.36	110.27	185.64	2021 年 3 月 18 日	1.3	强赎
海容转债	156.19	136.3	193.02	2021 年 3 月 5 日	0.7	强赎
赣锋转债	235.977	93.12	334.603	2021 年 3 月 5 日	3.2	强赎
安 20 转债	176.53	138.76	240.4	2021 年 3 月 5 日	0.7	强赎
特发转债	132.331	101.59	419.897	2021 年 3 月 4 日	2.3	强赎
益丰转债	111.9	111.9	153.71	2021 年 3 月 4 日	0.8	强赎
歌尔转 2	144.988	131.939	200	2021 年 3 月 2 日	0.7	强赎
雅化转债	205	93.489	337.43	2021 年 3 月 1 日	1.9	强赎

续上表

名　　称	退市交易价	最低收盘价	最高收盘价	退市日期	存续年数	退市原因
蔚蓝转债	108.79	93.375	156.85	2021 年 2 月 26 日	5.1	强赎
晨光转债	128.8	119.49	160.3	2021 年 2 月 24 日	0.7	强赎
寒锐转债	167.485	96	215	2021 年 2 月 23 日	2.3	强赎
巨星转债	309.91	125	327	2021 年 2 月 23 日	0.7	强赎
泛微转债	138.42	132.01	166.26	2021 年 2 月 22 日	0.7	强赎
永兴转债	280.502	115.83	384	2021 年 2 月 22 日	0.7	强赎
福莱转债	244.78	130.17	332.68	2021 年 1 月 29 日	0.7	强赎
至纯转债	152.4	121.55	225.07	2021 年 1 月 25 日	1.1	强赎
上机转债	417.35	142.88	473.13	2021 年 1 月 19 日	0.6	强赎
电气转债	106.48	98.8	286.71	2021 年 1 月 18 日	6	到期
桐 20 转债	167.33	108.03	167.33	2021 年 1 月 13 日	0.9	强赎
久立转 2	150.73	91.447	150.73	2021 年 1 月 6 日	3.2	强赎
百合转债	234.26	99.66	279.12	2021 年 1 月 6 日	2.2	强赎
裕同转债	129.777	112.1	160.521	2021 年 1 月 4 日	0.7	强赎
平均值	167.93	101.30	254.33	—	2.63	强赎率85.8%

投资成功在于顺势而为，服从大概率。

看到这些数据，是不是感觉自己瞬间也能变身"投资大咖"？

数据只是参考，要做个聪明的投资者，还需要综合考虑其他因素。

依据统计数据分析，找出那些真实可靠的规律，用合理的逻辑来总结这些规律，同时不能被数据的偶然性误导。打个比方，玩猜数字游戏，如果看到了1、2、3、4、5这组数字，很容易就会说下一个数字是6。但是，难道就只有这一种可能吗？比如，接下来的数字如果是11、12、13、14、15，这可就是另外一种规律了。所以，在总结规律的时候，不仅要依赖统计数据分析，还要用逻辑思维来分析底层原理，这样才能避免把偶然性当成规律。

深入分析一下130这个神奇的数字。99%的可转债都能涨到每张130元，这个概率看起来相当可靠。再结合逻辑分析，可转债的五项基本规则中说过："转股期内的公司股票收盘价，连续30个交易日中至少有15个交易日，不低于当期转股价的130%（含），可转债会被强制赎回。"这就意味着达到每张130元并不是偶然的巧合，而是符合可转债强制赎回规则的必然结果。所以，这个统计数据代表了一个真实可用的规律。

同样，为什么可转债会飙升到每张140元呢？这也源于强制赎回的规定。考虑到股价的波动是不可避免的，为了保持在每张130元以上，股价有时候需要稍微抬高一些。就如同打篮球的人想把篮球扔到头顶上方，就需要往更高一点的地方扔，这样才能确保篮球在头顶上停留更长时间。股票价格的波动也是类似的原理，从每张130元到每张140元的小波动再正常不过了。这就是为什么每张140元也是大概率会达到的价格。

洞悉原理，事半功倍。

为什么 91% 的可转债最后都被强制赎回呢？因为上市公司希望通过强制赎回促使投资者把手里的可转债转换成股票，这样就不需要偿还债务。强制赎回的规则倒逼投资者。当股票上涨超过转股价的 30%，并且持续了 15 个交易日时，对应的可转债价格通常已经飙升到每张 130 元以上，这时投资者可以选择将可转债换成股票卖出，享受 30% 的回报；或者直接卖掉可转债，也能以每张 130 元的价格赚到 30%。

可转债的平均最高价高达每张 201 元，有些可转债的最高价甚至突破了每张 3 000 元，相比最初的发行价每张 100 元，上涨了近 30 倍。底层原因还是可转债的上涨绑定了股票，当股票翻倍的时候，可转债也会"不甘示弱"地翻倍，这是一种必然的趋势。

虽然最终大部分可转债收盘价没有达到每张 201 元那么高，但依然平均达到每张 163 元左右。也就是说，大多数可转债在 2.5 年持有期内，经历了一次又一次的过山车般的行情，最高价可能到达每张 201 元，最终退市结束时，平均价格在每张 163 元左右（见图 5.2）。

所以，需要深入分析和理解这些数据和价格策略背后的原因和规律，这样才能豁然开朗，事半功倍！不能听风就是雨，需看透内情，才能制定出稳妥可靠的卖出策略。

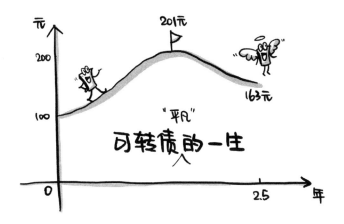

图 5.2　可转债的一生

第二节

出策略：找到适合自己的卖出方式

不同的投资品种、投资目标和投资者段位，决定了卖出策略也有所不同。这里介绍比较容易掌握的三种策略，如同投资的三把金钥匙，经过了近十年几轮周期的验证，效果极其有效和确定。

策略一：在可转债价格达到每张 130 ～ 140 元时全部卖出

巴菲特说过："市场上的资金是从没有耐心的人转移到有耐

心的人。"这句话用来形容可转债的卖出太贴切了。耐心的投资者总是财源滚滚，而心急的人往往会遭受亏损。

买卖可转债也像烤大饼，当烤饼人把大饼放进烤箱后，需要耐心等待，让它变得又香又脆。同样，当投资者买入一只可转债后，也需要付出耐心等待它上涨。频繁买进卖出就像心急火燎地一次又一次掀开烤箱盖子，只会延长烤制时间，甚至可能让自己失去耐心，最终放弃大饼烤熟的机会。

如果投资者真的忍受不了长期等待，想在每张 130 元以上价格卖掉也是可以的，这已经符合统计数据和强制赎回规则的逻辑。重要的是，要长期坚守同一个策略，不要随意改变，一会儿决定在每张 130 元卖，一会儿又觉得等到每张 135 元或者每张 140 元卖更合适。

对于卖出策略来说，设定卖出价为每张 140 元是个很合理的选择，因为相比每张 130 元，这多出的 10 元是一笔可观的利润。想象一下，投资者 A 和投资者 B 都以每张 100 元的价格购买了 10 只可转债。投资者 A 选择在每张 130 元卖出，而投资者 B 决定在每张 140 元卖出。最后的结果是，有 9 只可转债涨到了每张 140 元，只有 1 只略微低于预期，卖出价只有每张 130 元。这样算下来，投资者 A 的收益是：10 只 ×30 元 / 只 =300 元。而投资者 B 的收益是：9 只 ×40 元 / 只 +1 只 ×30 元 / 只 =390 元。可以看出，投资者 B 的收益远远超过投资者 A。既然每张 140 元也是很有可能达到的价格，所以把卖出价定高 10 元是非常值得的。

此外，还可以利用设置智能条件单来自动化卖出。就像烤大饼一样，一个人要同时看管多个大饼锅，根本忙不过来，大饼有的可能会烤焦。烤饼人可以使用自动化烤箱，一旦饼熟了，它就会自动关闭并保温。这样一来，就不必整天盯着交易软件，把那些耗时又重复的工作交给软件自动执行。那如何设置条件单呢？首先，选择一家证券公司，它需要拥有智能条件单交易功能的软件系统，然后按照下面的步骤进行设置（见图 5.3）：

（1）确定卖出价：价格超过每张 140 元，卖出。

（2）确定交易价：设置为即时买三价（一般默认设置，无须调整）。

（3）确定卖出数量：全部卖出。

（4）设定条件单有效期限：最长可选期限。

（5）提交创建。

图 5.3　某智投价格条件单

设置完条件单，就不会再手忙脚乱了，让交易软件来帮你站岗，把握最佳卖出时机！就像本章开头那个惊喜不已的投资者一样，在参加孩子学校组织的活动期间，软件自动成交了，获利1万多元。这种轻松获取收益的感觉，你也想试试吧？

> **有条件单站岗，自动成交实现财富倍增。**

策略二：涨幅回落条件单

涨幅回落条件单是指当可转债价格到达某个最高水平并下跌回落超过 10% 时，就自动卖出。比如，某只可转债价格最高涨到每张 160 元，然后下跌到每张 144 元以下，跌幅超过 10% 时，设置好的交易软件可以自动卖出。

相比策略一，策略二的目标是在可转债上涨到每张 130 ～ 140 元时再多等待一段时间，抓住那些上升势头强劲的可转债，在更高价位卖出，获取更高的利润。就像多烤一段时间的大饼，有时候会更加香脆。同时，从高点已经下跌回落 10%，意味着可转债近期上涨力度已经衰竭，再难创新高，不早点抛售，后面可能会价格更低。就如同大饼多烤了一段时间，没有变得更香脆，干脆别再继续了，否则可能要烤焦。

策略二在市场热火朝天时更有优势，此时大多数可转债价格都会超过每张 140 元，甚至更高。但在市场温吞吞的时候，由于强制赎回的规定，可转债上涨一般在每张 130 ～ 140 元，用这个策略可能卖得比策略一还低。而市场是否火爆有时难以捉摸，所以使用这种策略收益可能会变多，也可能会变少。就像是延长烤大饼的时间，可能会让大饼烤得更香脆，但也有可能烤过头了，反而不如短时间的味道好。

捕捉波动，收益稳健增长。

这里需要做一个很重要的心理建设。如果投资者运用策略二，就不要太在意卖出的可转债只卖到了每张 120 元而感觉亏了。比如，刚涨到每张 135 元，立即下跌 10%，可能最终卖出价只有每张 121.5 元。毕竟，此时卖掉的可转债上涨势头已经被破坏，而投资者选中的新可转债可能会表现得更出色。

同时，当一只可转债价格达到每张 130 元时，尽管还没卖出，也必须立即购买一只新的可转债，以充分利用剩下的资金，因为每张 130 元的可转债进入价格大幅波动阶段，它近期最终会达成下跌 10% 以上而卖出。如同烙饼一样，当饼已经快要熟了，都能闻到一些香味了，烤饼人得提前准备下一轮的面团，以免饼熟了后空着锅子白白浪费。这样的操作会让投资者在短时间内持有 11 只以上可转债，但没关系，因为前一只可转债很快就会回落 10% 然后卖出，就又回到了持有 10 只的状态。

提高资金利用率，释放潜力，追求更好的回报。

涨幅回落条件单的设置也很简单，分如下五个步骤（见图 5.4）：

步骤一，触发条件设置股价大于每张 130 元，累计回落填 10%。

步骤二，确定交易价：调整为限价委托，即时买三价。

步骤三，确定卖出数量：全部卖出。

步骤四，设定条件单有效期限：长期有效。

步骤五，提交创建。

图 5.4 某智投回落卖出条件单

策略三：策略一和策略二相结合卖出

策略一和策略二各有利弊，如果它俩结合起来，既能在每张 140 元左右卖出，又不放弃追逐更高收益的机会。可能是绝妙的配合！就像是一个厨艺高超的大厨，巧妙地将两道美味佳肴合二为一。

具体的设置方法如下：

第一个条件单，按照策略一的思路，在股价达到每张 140 元时，设置卖出一半数量。

第二个条件单，按照策略二的方法，在股价超过每张 130 元并回落 10% 时，也设置卖出一半的数量。

请注意，投资者需要进行两次设置，每次只设置一个条件单。卖出的总数量会平均分配到这两个条件单中，每个条件单卖出的数量是一样的。

为了避免忘记设置条件单，无论投资者选择哪个策略，在买入可转债时，都建议立刻在持仓中设置卖出条件单。

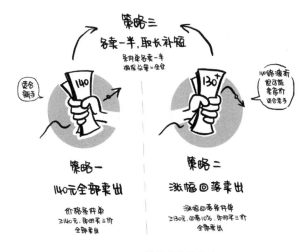

图 5.5　可转债的卖出策略

三个策略各有不同，在实战中的应用场景也不太一样。

策略一就像一条平坦的大道，没有迂回曲折，只需要在每张 140 元的十字路口作出决策，然后毫不费力地到达目的地。

策略二则像一条曲折的小路，时而穿越美丽的山谷和绿茵茵的草地，时而攀登陡峭的山峰和荆棘丛生的林地。它的优势在于有可能带你去往更高的地方（比如每张 160 元，甚至是每张 200 元），但在某些阶段，它会迅速涨到每张 130 ～ 140 元，然后又快速回落，让你的卖出价格低于预期。这可能是因为可转债的行情不太稳定，市场环境缺乏持续上涨的动力。此外，它也容易受到一些短期干扰因素的影响，比如突如其来的消息或事件，让价格一下子上涨，但很快就失去了动力。

综合来看，在市场一般的情况下，策略一的效果会比策略二好。而在市场火爆时，策略二能够带来更高的卖出价格，但需要足够的耐心和信心。策略三则是一个妥协的选择，适合心态纠结的投资者。它将卖出的数量分成两半，先卖出一半，然后等待。如果价格达到每张 130 元以上并回落 10%，那么另一半也会被卖出。这样的方式可以保持心态的平衡，既能抓住一部分利润，又能保留一部分筹码。

因此，策略二更适合那些有经验的老手，他们对市场的变化有一定的洞察力。策略一则更适合新手，简单明了，不需要过多思考，只需设置卖出价为每张 140 元，然后耐心等待。而策略三则是专门针对有纠结心态的人，能够平衡投资者的情绪。

所以，需要选择适合自己当下的策略，稳健地获得回报，并持续增长。

平衡投资心态，稳健获益，持续增长。

第三节

调心态：轻松穿越牛熊市

前面讲了一堆方法和策略，现在来聊聊卖出策略的心态。投资心态至关重要，和系统策略如影随形。投资成功的 80% 靠系统维持，只需要投资者按照系统要求买卖、筛选，剩下的 20% 需要自己调整心态、提升认知。虽然只有 20%，但往往起着决定性的作用。所以，特别需要注意两个心态误区及对应的解决方法。

误区一：被负面消息盯得太紧，搞得心态失衡

2022 年股市一直在下跌，有个投资者持有一只可转债，持有快一年了，从开始的盈利变成亏损。起初，他还挺有信心，觉得投资就需要长期持有，亏点钱是正常的。但是，几次下跌过后，他的想法就变了，开始觉得自己当初太天真，觉得这只可转债也没那么好。然后，去听各种"鬼故事"，比如公司各种负面消息之类的。结果，在 2022 年 7 月，几乎是在最低点的时候，他决定卖出，并看成是在"修正自己的错误"。

这个投资者显然就是输给了自己的情绪。很多人总是容易被情绪牵着鼻子走，然后做出一些违背基本原则的事。巴菲特为了防止股市的波动影响自己的情绪，连电脑都不放在办公室里，平常的时间都花在看公司财报上，他可没空管那些股票的价格起伏，这也是他成功的原因之一。所以，投资者要适时地远离那些无用的信息，别让它们搞乱了心情。

为降低负面信息的干扰，投资者可以试试一个小窍门：多关注事情积极的部分。如果今天的大多数可转债没有上涨，那就关注上涨的那一只。要是今天都在下跌，那就看哪只可转债从买入之日起到目前是有收益的，再满怀期待地研究它是如何一路涨上来的。然后再关上电脑，去做其他的事情，这样就会变得很开心，葆有希望。

是不是觉得有点意思？这可不是阿Q精神，它是有心理学依据的，叫峰终效应。就像去游乐场玩，排队等了半天，才能体验短短几分钟的刺激。但当回忆起这次经历时，记忆大概率只会停留在游戏中的高潮刺激（峰）和游戏结束时的兴奋（终），至于排队等了多久，不会留下多少印象。相反，如果病人是去医院打针，那体验肯定是"糟糕透顶"的。因为病人总是在医生刚扎完针，就匆匆忙忙离开医院，记忆里只有最后一刻的痛苦。所以，最后的那一刻，最好把关注点放在让自己开心的事情上。

误区二：追求完美，频繁调换自己的卖出策略

在2021年底，曾有个投资者说，她的年度收益率只有不到10%。整个2021年，按照整体的策略，普通人一般能获利20%～30%。询问投资者具体原因，就有了下面追问的对话。

问："你的收益怎么比大家的平均水平低这么多？有什么原因吗？"

她说："可能是我没有按照系统的策略来操作。"（不按照系统操作，就是不成功的原因所在）

问："具体哪些方面出了问题？"

她说："主要是在选择卖出策略的时候，我总是有些纠结，想要卖到更高的价格。所以，我一会儿用策略一，一会儿用策略二，总是换来换去。为了应对我的纠结情绪，我还尝试了策略三，结果反而更加纠结，因为策略三总是无法完美地卖出所有可转债，总会有一半卖得比另一半低。"

问："是什么促使你从策略一转向策略二，又转回策略一呢？"

她说："刚开始我用策略一，但我卖出的时候是每张 140 元，结果后来它涨到了每张 180 元。所以，我把后面的条件单都改成了策略二，结果我设置的回落条件单总是在每张 120 元左右卖出。更让我生气的是，过了几天它又上涨到每张 130 元、每张 140 元……"

在投资的世界中，追求完美的策略是一种幻想。无论选择哪种卖出策略，都有可能在某个时期不如另一种策略。就像排队买票一样，看到左边的队伍快就跑到左边，看到右边的队伍快就跑去右边，结果很可能成为最慢的那一个。如果改变卖出策略，理由只能是：自己的心态更加成熟，或者想要挑战和尝试新的方式。只有在这种情况下，才可以从策略一切换到策略二或策略三。一旦转变到新的策略，就应该坚定不移地执行，不要轻易回到原来的策略。

巴菲特说过："在投资中，你不需要每次都是正确的，你只需要在大部分时间都是正确的。投资并不是一场追求完美的游戏，而是关于作出合理决策并尽量避免错误的过程。"巴菲特从不追求完美，他相信投资并非需要完美预测市场，而是要理解投资的本质和价值。所以，投资只需要模糊的正确就行，不搞完美主义，避免出现精确的失误。

此外，追求完美还可能让投资者频繁交易，或者陷入过度分析的陷阱。这不但会增加交易成本，降低投资回报，还会让投资者花费过多时间和精力，最后情绪崩溃放弃。而专注于执行成熟的策略和关注已经取得的成果，能帮助投资者建立信心和耐心，来应对市场的波动和不确定性。

因此，投资不只是个技术活儿，更像是一场内外兼修的修行之旅。不管投资者的策略有多厉害，关键在于如何处理自己的情绪。只有经历过起伏和挑战，才能成为真正的成功投资者。记住，成功源自不断调整和修正，让心态和策略彼此呼应配合，方能驾驭投资的风浪，最终成功抵达彼岸。

本章小贴士

在制定卖出策略时，采用了三种不同的方法。

第一种是设定一个卖出价格，一般设定在每张 140 元左右，当然投资者也可以设定在每张 130 ~ 140 元之间的某个价格，一旦选定就不要轻易更改。

第二种是设置回落条件单，这种方式可能会以更高的价格卖出，但也可能会以较低的价格卖出，因此新手投资者不太适合使用这种方法。

第三种方法是将第一种和第二种方法结合，分别设置一个条件单，份额各占一半。

除了这些策略外，还需要进行心态调整，这也是一个非常重要的技巧。转移注意力，多关注积极信息，同时放下完美主义，关注已做到的部分。

教会他人是成为专家的必经之路。

第六章

日常操作：做投资高手，也做生活赢家

　　理财的目的是获利，如果没有安排好生活，可能会像曾经的我一样，虽然在 2015 年已经实现了财务自由，却无法感受到快乐。当时为了追求财富，损害了自己的健康，甚至影响了家庭关系。我现在分享理财的同时，家庭生活也变得更加融洽、幸福。理财是为了更好的生活，因为投资牺牲健康和人际关系，实在得不偿失。本章将结合案例说明，让理财与生活相互促进，进而实现轻松理财和幸福生活。

第一节

日操作：投资如此简单

日常操作非常简单，只需要定时 3 分钟，就可以成为理财达人。但请注意，一定要"定时"！否则，本来只是想回复一条消息，结果因为没有时间概念，不知不觉间就陷入了刷视频、聊天、看照片或者看其他 App 的漩涡中，时间就这样不知不觉地溜走了。更重要的是，如果过度关注证券账户，很容易被贪婪、恐惧蛊惑，从而做出违规操作。所以，看证券账户的时候，一定要给自己设定一个 3 分钟的时间限制。然后，重点关注以下两个内容。

一、查看条件单设置

条件单是自动交易工具，一定要确保已经设置并且准确无误。查看持仓可转债条件单的设置情况（见图 6.1），可分为三个简单步骤：

（1）进入"资金持仓"页面，找到持有的可转债。

（2）单击其中一个可转债，然后选择"条件单"选项。

（3）查看补仓买入或卖出条件单设置情况。

初步检查几次确认无误后，就没必要每天检查了。接下来，只需要查看这些条件单触发后的委托情况（见图6.2）。这个过程也分为三个简单步骤：

（1）进入"交易"页面的"条件单"栏目。

（2）打开"已委托"选项，已触发的条件单都会显示在此处。

（3）查看是否已成交，如果条件单触发后显示为"已成交"，代表买入或卖出成功。如果还没有显示为"已成交"，就需要重新设置条件单并再次执行。

图 6.1 持有可转债的条件单

图 6.2 条件单触发后的委托情况

二、申购新发行可转债

除了查看条件单，还有一项更容易获利的操作，那就是"打新债"，即申购还未上市的可转债。之前讲的买卖可转债，都是指已经上市的可转债，就像是买二手房一样。而"打新债"就好比抽签购买还没盖好的新房子，如果能中签，简直就是好运＋实力！

之所以说打新债是个更容易获利的游戏，是因为可转债上市，发行价为每张 100 元，但是上市以后一般都会超过这个价格，就算一开始低于每张 100 元，只要耐心等待，后面也有可能获取更多的收益。毕竟，统计数据表明：99% 的可转债都会涨到每张 130 元以上。

从 2022 年 4 月到 2023 年 5 月（见表 6.1）的打新数据，可以看到上市后的可转债现价几乎都高于每张 100 元，有些甚至远远超过每张 100 元。

表 6.1　2022—2023 可转债部分打新数据

债券代码	债券简称	申购日期	债现价
123197	光力转债	2023 年 05 月 08 日 周一	146.5
118034	晶能转债	2023 年 04 月 20 日 周四	118.81
123196	正元转 02	2023 年 04 月 18 日 周二	144
113670	金 23 转债	2023 年 04 月 17 日 周一	116.96
123195	蓝晓转 02	2023 年 04 月 17 日 周一	136.3
123194	百洋转债	2023 年 04 月 14 日 周五	134.63
123193	海能转债	2023 年 04 月 13 日 周四	124.02

续上表

债券代码	债券简称	申购日期	债现价
123192	科思转债	2023 年 04 月 13 日 周四	177.2
127085	韵达转债	2023 年 04 月 11 日 周二	125.08
123191	智尚转债	2023 年 04 月 10 日 周一	163.1
123190	道氏转 02	2023 年 04 月 07 日 周五	107.8
123189	晓鸣转债	2023 年 04 月 06 日 周四	118.5
123187	超达转债	2023 年 04 月 04 日 周二	158.1
113669	景 23 转债	2023 年 04 月 04 日 周二	140.6
123188	水羊转债	2023 年 04 月 04 日 周二	142.2
123186	志特转债	2023 年 03 月 31 日 周五	116.13
123185	能辉转债	2023 年 03 月 31 日 周五	120.65
113668	鹿山转债	2023 年 03 月 27 日 周一	111.2
127084	柳工转 2	2023 年 03 月 27 日 周一	122.85
127083	山路转债	2023 年 03 月 24 日 周五	116.67
123183	海顺转债	2023 年 03 月 23 日 周四	119.69
123184	天阳转债	2023 年 03 月 23 日 周四	138
123182	广联转债	2023 年 03 月 22 日 周三	124
123181	亚康转债	2023 年 03 月 21 日 周二	166.22
118033	华特转债	2023 年 03 月 21 日 周二	142.2
113667	春 23 转债	2023 年 03 月 17 日 周五	118.69
110093	神马转债	2023 年 03 月 16 日 周四	112.4
113066	平煤转债	2023 年 03 月 16 日 周四	113.09
127082	亚科转债	2023 年 03 月 09 日 周四	119.11

续上表

债券代码	债券简称	申购日期	债现价
123180	浙矿转债	2023 年 03 月 09 日 周四	126.55
111013	新港转债	2023 年 03 月 08 日 周三	244
118032	建龙转债	2023 年 03 月 08 日 周三	120.14
123179	立高转债	2023 年 03 月 07 日 周二	123.45
123178	花园转债	2023 年 03 月 06 日 周一	116.54
127081	中旗转债	2023 年 03 月 03 日 周五	118.33
123176	精测转 2	2023 年 03 月 02 日 周四	175.95
123177	测绘转债	2023 年 03 月 02 日 周四	138.6
113666	爱玛转债	2023 年 02 月 23 日 周四	128.25
123175	百畅转债	2023 年 02 月 22 日 周三	123.69
123174	精锻转债	2023 年 02 月 15 日 周三	117.3
118031	天 23 转债	2023 年 02 月 13 日 周一	110.55
110092	三房转债	2023 年 01 月 06 日 周五	114.63
111012	福新转债	2023 年 01 月 04 日 周三	134.07
111011	冠盛转债	2023 年 01 月 03 日 周二	121.5
127080	声迅转债	2022 年 12 月 30 日 周五	189.38
123173	恒锋转债	2022 年 12 月 30 日 周五	162.32
118030	睿创转债	2022 年 12 月 30 日 周五	151.21
127079	华亚转债	2022 年 12 月 16 日 周五	137.5
113665	汇通转债	2022 年 12 月 15 日 周四	112.73
118029	富淼转债	2022 年 12 月 15 日 周四	118.93
123172	漱玉转债	2022 年 12 月 15 日 周四	124.4

续上表

债券代码	债券简称	申购日期	债现价
127078	优彩转债	2022 年 12 月 14 日 周三	118.69
110091	合力转债	2022 年 12 月 13 日 周二	150.61
118028	会通转债	2022 年 12 月 06 日 周二	124.46
113664	大元转债	2022 年 12 月 05 日 周一	150.57
127077	华宏转债	2022 年 12 月 02 日 周五	117.61
113065	齐鲁转债	2022 年 11 月 29 日 周二	100.14
113663	新化转债	2022 年 11 月 28 日 周一	132.29
123171	共同转债	2022 年 11 月 28 日 周一	122.59
118027	宏图转债	2022 年 11 月 28 日 周一	132.98
113662	豪能转债	2022 年 11 月 25 日 周五	118.8
123170	南电转债	2022 年 11 月 24 日 周四	138.5
123169	正海转债	2022 年 11 月 23 日 周三	119.05
123168	惠云转债	2022 年 11 月 23 日 周三	119.66
113661	福 22 转债	2022 年 11 月 22 日 周二	116.45
123167	商络转债	2022 年 11 月 17 日 周四	125.39
113660	寿 22 转债	2022 年 11 月 17 日 周四	154.66
113064	东材转债	2022 年 11 月 16 日 周三	130.32
111010	立昂转债	2022 年 11 月 14 日 周一	131.5
111009	盛泰转债	2022 年 11 月 07 日 周一	116.11
111008	沿浦转债	2022 年 11 月 02 日 周三	119.37
123166	蒙泰转债	2022 年 11 月 02 日 周三	124.92
113063	赛轮转债	2022 年 11 月 02 日 周三	134.37

续上表

债券代码	债券简称	申购日期	债现价
123165	回天转债	2022 年 10 月 27 日 周四	113.5
127076	中宠转 2	2022 年 10 月 25 日 周二	119.49
118025	奕瑞转债	2022 年 10 月 24 日 周一	123.35
118024	冠宇转债	2022 年 10 月 24 日 周一	117.3
118026	利元转债	2022 年 10 月 24 日 周一	114.71
123164	法本转债	2022 年 10 月 21 日 周五	152.31
127075	百川转 2	2022 年 10 月 19 日 周三	110.4
113659	莱克转债	2022 年 10 月 14 日 周五	114.8
123162	东杰转债	2022 年 10 月 14 日 周五	126.08
123163	金沃转债	2022 年 10 月 14 日 周五	118.6
127074	麦米转 2	2022 年 10 月 13 日 周四	128.86
118023	广大转债	2022 年 10 月 13 日 周四	124.15
111007	永和转债	2022 年 10 月 11 日 周二	134.36
118022	锂科转债	2022 年 10 月 11 日 周二	111.77
123161	强联转债	2022 年 10 月 11 日 周二	124.56
113657	再 22 转债	2022 年 09 月 29 日 周四	109.08
123160	泰福转债	2022 年 09 月 28 日 周三	117.33
118021	新致转债	2022 年 09 月 27 日 周二	221.98
123159	崧盛转债	2022 年 09 月 27 日 周二	114.87
123158	宙邦转债	2022 年 09 月 26 日 周一	133.8
110090	爱迪转债	2022 年 09 月 23 日 周五	134.65
127073	天赐转债	2022 年 09 月 23 日 周五	123.02

续上表

债券代码	债券简称	申购日期	债现价
118020	芳源转债	2022 年 09 月 23 日 周五	111.23
110089	兴发转债	2022 年 09 月 22 日 周四	107.5
127072	博实转债	2022 年 09 月 22 日 周四	134.08
113658	密卫转债	2022 年 09 月 16 日 周五	115.74
118019	金盘转债	2022 年 09 月 16 日 周五	126.9
113062	常银转债	2022 年 09 月 15 日 周四	114.74
110088	淮 22 转债	2022 年 09 月 14 日 周三	115.03
113656	嘉诚转债	2022 年 09 月 01 日 周四	110.54
123157	科蓝转债	2022 年 08 月 30 日 周二	127.94
127071	天箭转债	2022 年 08 月 22 日 周一	125.05
118018	瑞科转债	2022 年 08 月 18 日 周四	112.29
127070	大中转债	2022 年 08 月 17 日 周三	126.51
123156	博汇转债	2022 年 08 月 16 日 周二	135.89
127069	小熊转债	2022 年 08 月 12 日 周五	157.81
127068	顺博转债	2022 年 08 月 12 日 周五	105.77
123155	中陆转债	2022 年 08 月 12 日 周五	110.28
118017	深科转债	2022 年 08 月 08 日 周一	121.23
118016	京源转债	2022 年 08 月 05 日 周五	116.7
123154	火星转债	2022 年 08 月 05 日 周五	119.08
113655	欧 22 转债	2022 年 08 月 05 日 周五	117.28
113654	永 02 转债	2022 年 08 月 04 日 周四	130.67
113653	永 22 转债	2022 年 07 月 28 日 周四	111.71

续上表

债券代码	债券简称	申购日期	债现价
113652	伟 22 转债	2022 年 07 月 22 日 周五	106.65
118015	芯海转债	2022 年 07 月 21 日 周四	116.24
123152	润禾转债	2022 年 07 月 21 日 周四	126.62
127067	恒逸转 2	2022 年 07 月 21 日 周四	107.52
123153	英力转债	2022 年 07 月 21 日 周四	111.24
113651	松霖转债	2022 年 07 月 20 日 周三	117.73
118014	高测转债	2022 年 07 月 18 日 周一	119.95
113061	拓普转债	2022 年 07 月 14 日 周四	119.15
127066	科利转债	2022 年 07 月 08 日 周五	119.93
118013	道通转债	2022 年 07 月 08 日 周五	126.67
118012	微芯转债	2022 年 07 月 05 日 周二	127.7
118011	银微转债	2022 年 07 月 04 日 周一	120.11
123151	康医转债	2022 年 07 月 01 日 周五	117.03
113650	博 22 转债	2022 年 07 月 01 日 周五	110.34
123150	九强转债	2022 年 06 月 30 日 周四	134.82
118010	洁特转债	2022 年 06 月 28 日 周二	104.8
113649	丰山转债	2022 年 06 月 27 日 周一	123.3
118009	华锐转债	2022 年 06 月 24 日 周五	123.97
110087	天业转债	2022 年 06 月 23 日 周四	109.51
118008	海优转债	2022 年 06 月 23 日 周四	112.4
111005	富春转债	2022 年 06 月 23 日 周四	125.41
127065	瑞鹄转债	2022 年 06 月 22 日 周三	169.97

续上表

债券代码	债券简称	申购日期	债现价
123149	通裕转债	2022 年 06 月 20 日 周一	121.8
113060	浙 22 转债	2022 年 06 月 14 日 周二	121.44
123147	中辰转债	2022 年 05 月 31 日 周二	123.55
113059	福莱转债	2022 年 05 月 20 日 周五	114.24
127064	杭氧转债	2022 年 05 月 19 日 周四	163.16
123146	中环转 2	2022 年 05 月 06 日 周五	119.86
113648	巨星转债	2022 年 04 月 25 日 周一	132.25
113647	禾丰转债	2022 年 04 月 22 日 周五	117.95
110086	精工转债	2022 年 04 月 22 日 周五	112.94

一个人通过自己的证券账户打新，一年可以获取 1 000 ～ 2 000 元不等的收益。这里要注意，同一人名下的多个证券账户同时打新是无效的。不过，夫妻双方和双方父母都可以使用各自的证券账户来打新，这样一家人的年收入就能达上万元。操作方法非常简单，只需要 30 秒就能学会。依然以华宝智投为例，具体步骤如下（见图 6.3 和图 6.4）：

（1）打开华宝智投 App，单击"交易"，然后点"新股 / 新债申购"。

（2）进入打新页面，选择"预约申购"。

（3）选择股市交易日任意时间段，最后单击"保存预约"，一般不要单击"今日申购"，今日申购只能手动做当天的申购，而"预约申购"会把未来 2 ～ 3 天的申购全部处置好，这样后面两天无须再次操作，方便省力。

图 6.3　新债申购

图 6.4　预约申购设置

除了操作，还要掌握几项重要规则及实战经验。

1. 信用申购

信用申购的意思就是不需要一分钱现金，只要有一个证券账户作为保证就可以先申购。如果中签了，才需要缴款购买新债。买彩票至少还需要 2 元钱，可转债打新却真正做到了零成本！

2. 额度限制

最低申购要求是 10 张或 1 手，金额 1 000 元，最高申购限制是 1 万张或 1 000 手，金额 100 万元。一定要顶额申购 100 万元，因为这样可以提高中签率。很多新手担心申购太多，中签后没钱缴款，这完全是多虑。可转债打新的中签率极低，申购多次能中签 1 手就已经很幸运了，而且只需要缴款 1 000 元。即使中签太多，没钱缴款也完全不用担心，半年内不超过 3 次就不会有任何影响。

3. 申购时间

在每个交易日 9：30—11：30，13：00—15：00，都可以申购。有些券商还提供预约申购功能，可以提前预约申购，一键完成。不同券商的 App 要求略有不同，只要在证券市场交易时段内申购就没问题。

4. 中签缴款

申购可转债后，大家都会迫不及待地想知道中签结果。通常在申购后的第二个工作日就会公布中签结果。比如，周一申购，周三会公布中签结果。

一旦中签，就需要在当天的 16 点前缴款。必须在规定的时间内完成缴款动作，否则就会被剥夺购买的机会。所以，记得在中签后迅速将钱转入证券账户，或者提前留好资金，以免错失良机。

如果在过去的十二个月内有三次未能按时缴款，在接下来的六个月内将被限制参与新的可转债申购。所以，建议在日常账户中预留一些闲余资金，大约 1 000 ～ 2 000 元。这样，中签后，闲余资金就会自动缴款，无须临时调动资金，也不用担心忘记缴款。

同时，这些闲余资金还可开通余额理财，这是各证券公司提供的一项服务。资金可以在当天随时用于缴款或交易，非常灵活。年化收益率在 2% 左右，与余额宝收益接近，比银行活期利息高好几倍。

5. 市值配售

另外，还有一种市值配售的方式。如果在可转债申购日前一天，投资者已经持有了可转债发行公司的股票，那么可以按照持有股票金额的比例来配售相应量的可转债。不过，这里提醒一下，不鼓励为了配售而特意购买股票。这需要较高的股票投资经验和较好的市场行情，对于新手投资者来说，建议放弃。毕竟，在可转债申购日，股票通常会在上午开盘时下跌，所以通过配售获得的可转债，卖出获利未必合算。而且，这与一般投资者追求低风险理财的理念相背离，所以一般不建议为了配售而特意购买股票。当然，如果投资者本来就长期持有该股票，不要忘了还有这项权益。

6. 交易时间

关于交易时间，一般来说，可转债在申购日后的 10 ～ 20 个工作日上市，上市首日就可以进行交易了。可以根据自己的卖出策略设置条件单，或者在工作日 15 点收盘前找机会卖出。理论上来说，只要能获利就可以卖出。

以上是可转债打新的注意事项，日常操作三分钟内就能完成。

第二节

周回顾：助你全方位成长

一、反思检视

投资中的反思和复盘，就像是投资者给自己写一份周报，记录一周的点点滴滴。可以选择用软件记录，也可以用笔记本亲手写下来，只要能让自己反思，都是可以的。

善于投资的人，他们会记录：操作中有哪些小技巧？是否按照策略系统地进行投资？是否关注已经获利的和已经做到的部分？等等。这些都是需要反思的问题。

如果不去记录，过一段时间就很容易偏离轨道，不再按照策略操作，投资者自己却察觉不到。按照策略投资就像养成一个新的好习惯，就像开始跑步一样，最好每天都有记录，反思一下自己有哪些进步和需要改进的地方。否则，一旦懒散起来，习惯就很难养成。

每周进行反思回顾，才会意识到一些细节。比如，发现自己又开始按照自以为是的方式操作了，又凭感觉买进卖出了。其实，反思和复盘就是通过回顾来积累经验，通过经验的积累来提升自己的能力。

> **复盘积累经验，经验提升能力。**

反思回顾可以用三个问句法来进行：我做到了什么？我选择提升什么？下周我要注意什么？这样，投资者可以更有针对性地进行反思，找到自己的不足之处，并设定下一步的目标。

第一句话是给自己积极的肯定，关注自己做到的地方。好多人在做反思的时候，习惯性自责，给自己挑毛病，这是不可取的。每个人都是有能量的，如果总是给自己负能量，就很难有积极情绪，能量值就会被拉低。就像这张能量等级图（见图6.5），如果总是负能量，会严重影响身心健康。就像有些家长总是责备孩子，却极少称赞。在责备声中长大的孩子，容易形成胆小、自卑、敏感的性格，进而影响孩子的一生。每个人都需要通过被肯定、被看见，来提升自身能量。

第二要思考的是：我选择提升什么？积极思考至关重要。很多人习惯寻找自己"哪里做错了"，实际上，可以把这句话改为更积极的形式："我选择提升什么？"通过这种思维方式的转变，投资者能够以积极的心态面对问题，并且这种提升是投资者主动的"选择"。

正向思考的好处在于能够激发内在动力和积极行动。相比自

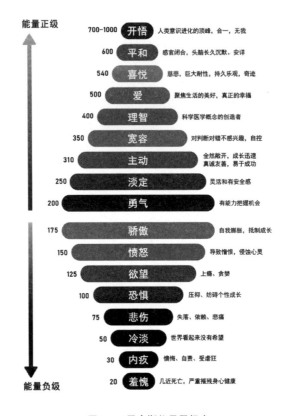

图 6.5　霍金斯能量层级表

责和消极情绪，正向思考可以鼓励我们主动面对挑战，并寻求积极的解决方案。当投资者把注意力放在自我提升和自我成长上时，更有可能发现自己的潜力和机会。

　　第三要思考的是：下周要注意什么。要提前预估重要事项、做计划。事实上，计划的制订比计划本身更重要。可以思考即将到来的一周有哪些待办事项，将它们罗列成一个清单，这样可以使大脑更加清晰。就像探寻宝藏的探险家一样，需要事先规划路线，画出地图，以确保能够顺利驶向目的地。想象一下，下周就像一片未知的海洋，投资者是船长，而计划就是投资者的指南针。

预估的主要事项一般包括以下几个方面，当然投资者也可以根据自己的习惯做适当调整：

（1）下周资金的使用计划。比如，有没有哪只可转债可能需要补仓，需要提前准备资金。可别让资金突然掉链子！

（2）需要置换的可转债，记得要及时设置条件单，别等到最后一刻慌慌张张。

（3）下周学习的计划。学习可是大事，不能马虎。安排好时间，制订好学习计划，让自己的大脑持续充电。

（4）错误操作的纠正。谁都会犯错，没关系。重要的是能及时发现问题，纠正错误，不让小错误变成大麻烦。

> 计划的制订比计划本身更重要。

每周的回顾，就像在寻宝游戏中检视、修正路线一样，可以让投资者尽可能方向正确，能从错误中持续调整、提升。

二、联机学习

日常学习，可别光顾着自己一个人默默学习！建议投资者找一群人一起学习，这样学得快、记得牢，还能有更多的乐趣。

不同的学习方式可是有着天壤之别的。听讲、阅读、视听这些常见的方式，效果一般。一听就忘，一做就废！别做思想的巨人、行动的矮子，需要充分运用讨论、实践和教授他人的方式来让自己学得更好。这样不仅能学得更牢固，还能迸发出思想的火花，将学习效果带入新高度。

先看一张图片（见图6.6），它清晰呈现了不同学习方式带来的不同内容留存率。

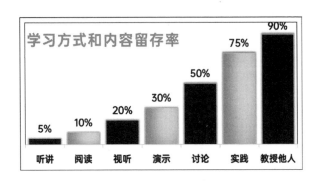

图 6.6　学习方式和内容留存率

要是早几年掌握这张神奇的图，我就不会踩那么多坑了。和许多人一样，我以前也是个独行侠，喜欢一个人默默地学习研究。结果效率低得可怜，甚至在股市中亏得血本无归。后来，自从打开自己的内心，向他人学习并积极讨论，包括每周回顾（见图6-7），同时还教会他人，学习效果有了质的飞跃。2019年，我和一群小伙伴建立了理财知识共学社群，经常组织线上、线下的学习活动，互相交流、互相启发。这样不仅让自己学得更好，还结交了一帮同频、高能量的朋友。大家一起学习讨论，把知识付诸实践，并且乐于教会他人。同时，理财收益也越来越稳定。

图 6.7　每周回顾

所以，人们常说：教会他人是成为专家的必经之路。同时，学习可不只是为了自己，还要把智慧传递给他人。一起学习、一起成长，才能走得更远！

教会他人是成为专家的必经之路。

三、查看持仓可转债状态

别忘了每周在集思录上查看强制赎回情况，这可是重要的任务。主要是关注持仓的可转债有没有强制赎回的公告。就像是看天气预报一样，要留意有没有红色感叹号出现，这已经是高温预警了！红色或橙色的感叹号都是需要投资者及时处理的。

红色感叹号如"滨化转债"（见图6.8），单击一下就能看到具体提示。这只可转债的赎回最后交易日是2022年1月10日，要么转股，要么提前卖出，否则就会被低于市场价赎回，因为价格只有每张100元，公司只支付极少的利息。投资者需要及时卖出才行，不能让它强制赎回！

图6.8 强制赎回提醒

还有一些是灰色的感叹号如"鸿达转债"（见图6.9）。别着急，这些一般不是什么紧急事件。单击一下就能看到提示：公司暂时不会强制赎回这只可转债。这种情况下，就不需要特别操作。

图6.9 灰色感叹号的提醒事件

第三节

月计划：让投资生活多姿多彩

月度计划特别重要，它是一种生活方式，能让投资者从更广阔的角度去安排一些事情，比如安排日程和线下交流。

一、月计划

月计划，就是在每个月的月底或月初，对未来一个月的重要事件进行安排。投资者可以用手机日历提醒，也可以用纸质笔记本记录，可按自己的喜好选择。

可以在日历上设置提醒（见图 6.10）：月底的工作日 14：00，提醒自己进行 ETF 基金定投和资金调配；每周五做好相关检查准备。当然，这只是工作提醒，投资者可以提醒生活中的任何事件，提前安排好自己的生活，让理财和日常生活相互促进，避免相互冲突。

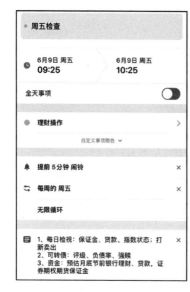

图 6.10　事件设置日历提醒

　　大多数人都不是个记性好的人，经常忘记重要的事情。比如，总是会忘记每个月定投 ETF 基金，经常忘记检查可转债，可能会碰到这样的情况：每次月底需要用资金的时候，却发现取不出来。这些情形会让人焦虑不安。自从我开始每个月制订计划，并把所有重要的事情都写进日历，立刻就松了一口气。试过之后才知道效果有多好！

二、线下交流

　　每月定期组织一些线下活动。社群经常在全国各地举办聚会，这样大家不仅可以当面交流学习经验，还能结识各行各业的投资达人，甚至还有机会得到一对一现场指导。想到能够和各领域达人们面对面交流，是多么令人激动的事情！

以前我是个喜欢宅在家里的人，一想到要出门就觉得害怕和抗拒。我还给自己贴了个内向性格标签，不喜欢社交。结果，越是封闭自己就越不开心；越不开心，就越不愿意和人交往。如此必然造成了一个恶性循环。

后来，有个朋友问我："你怎么知道你不喜欢和别人交往呢？你试过多交几个朋友吗？"那一刻，我开始对自己之前的标签产生了怀疑。至此，我开始尝试参加各种聚会，还给自己设定了每个月必须参加一次聚会的目标。并且充分利用付费学习的机会，结识更多的人。当我打开了人际交往的窗户之后，我的生活仿佛一下子亮了起来。

而且我发现：在不断交流、分享和帮助他人的过程中，自己的价值感也在迅速提升，内心变得越来越快乐。那时候，一段时间没见我的朋友们会说："你好像变了一个人，充满了能量，气场都不一样了。"因为我不断和他人建立联系，很多原本只是弱连接的人最终成了我的事业伙伴。看，这就是连接的魅力！

不仅我有这种感受，参加线下连接的其他伙伴也是一样。他们聚在一起，玩着财商游戏，讨论着理财经验，还能一起品尝美食。有些伙伴甚至成了彼此的精神支柱或咨询专家。他们对这种线下交流的评价可以用一句话概括：线上聊千遍，不如线下见一面。毕竟真诚的互动和交流是虚拟世界无法替代的。

第四节

年目标：专注而不失衡的投资生活

一、放松、犒赏自己

每个人都有放松、犒赏自己的方式，比如旅行。以前我工作特别忙，经常加班值班，孩子们也要上学，我几乎没有时间陪伴他们。即使这样，我也一定要给自己定好下一个计划，比如在寒暑假的时候带着家人去旅行，好好放松一下，犒劳一下自己。毕竟，既会工作又会生活的人才是最幸福的，因为享受了两种快乐。否则，赚了再多钱也没有意义。以前我总是一门心思地投资，到后来感觉钱只是一个数字而已。天天对着这些数字，加了加、减了减，赚了赚、亏了亏，这些数字到底有什么意义呢？

> 既会赚钱又会花钱的人，是最幸福的人，因为享受了两种快乐。

早在 2010 年，妻子就说："马尔代夫太美了，我们得去瞧瞧！"可是我当时连买房的钱都没有！因为这事儿，妻子一直唠叨到 2012 年，我还是没同意。她甚至说："马尔代夫的海平面在上升，有些岛屿都快要消失了，再不去就没机会了！"我不以为然地对她说："这些都是旅行团忽悠你的，马尔代夫不会消失的！"马尔代夫的岛屿会不会沉没我不知道，我只知道我俩肯定是没钱去的。两个人去马尔代夫旅行，得花个几万元，我那时的想法，花几万元去旅行简直就是奢侈。但是，这事儿还是在我心里种下了一颗种子。这印证了一句话："梦想还是要有的，万一实现了呢？"

直到 2013 年底，终于因为理财赚到第一桶金，我们开始有了旅行的打算。真的去了马尔代夫，才发现那儿美得让人窒息，空气如同洗过一样！相比之下，钢筋水泥的丛林让人疲惫。这些美好的体验，深深改变了我只顾赚钱不花钱的观念，每天欣赏到这样的美景，处在这样的环境中，身心得到了极大放松。

好好投资，但是也别让钱成为生活的唯一追求，要学会放松、犒赏自己，才能过上专注而不失衡的投资生活。

二、休闲学习结合

年度计划最好能把学习和休闲结合起来，才可能事半功倍。比如在我们社群里，每年都会组织几次亲子游学活动。家长和有一定专业技术的导师带着一帮小孩子一起参加益智游戏、游览历史古迹，不仅深入了解国家的文化，还能提升孩子们的交往能力、协作能力，甚至提升财商！在游学的过程中，还会发现很多潜在的家庭问题，随行的导师能帮助大家解决这些问题。比如，有些家长和孩子的关系不够好，经过导师的引导，孩子们终于理解了家长的用心，亲子关系得到了改善。

追求财富往往都是想让家人过得更好，赚钱的效率提升以后，有更多时间来关注亲人。同时，孩子们的教育也不仅是学校的学习，需要从小注重对他们财商和人际沟通能力的培养。这样的游学活动就是给他们创造机会，顺便也提升了参与者的亲子关系。

三、公益

把公益活动列入年度计划也是非常有必要的。

比如，社群老师带大家共同捐助公益项目：每月捐赠 20 元钱，就能为偏远地区的学校建立一个"书香班级"。这些捐款将用于支付邮费，把书籍寄送到需要的学校，为孩子们建立图书馆。

这个公益项目不仅让参与者更加了解偏远山区孩子们所面临的困境和需求，还能让参与者感受到自己对他人的一点贡献，从而获得成就感和满足感。参加公益活动不仅有助于提高参与者的社会责任感，还能培养参与者的爱心和同情心。也可以带着孩子一起参与这项公益活动，让他们从中获得独特的感受和体验。这样一来，既能帮助需要帮助的孩子们，也能让参与者感受到自己善举所带来的积极影响，同时还能助力家庭产生积极变化。

参与公益项目不仅能帮助他人，还能帮助自己成为更好的人。把公益活动也加入年度计划，学习、休闲和公益三位一体，生活将会更加丰富多彩！

> 种下爱的种子，收获爱的果实。

第五节

一生蓝图：财务自由，找到人生的意义

在人的一生中，都希望找到一种幸福的公式，一种能够让自己快乐的秘诀。而这个公式就是幸福 = 健康 + 关系 + 财富（见图 6.11）。听起来简单的公式，其实包含一个有趣的渊源。

这个幸福公式可以说是我多年学习经验的总结，经过费尽心思的研究，在 2019 年首次对外分享。当时提倡大家在学习理财的同时也要注重生活的平衡。然而，让我惊喜的是，作家埃里克·乔

图 6.11　幸福公式

根森在他的新书《纳瓦尔宝典》中也提到了几乎相同的公式：幸福 = 健康 + 财富 + 良好的关系。看来幸福的意义并不复杂，它是一个普遍的原理。

曾经的我只追求物质财富，而忽略了健康和关系，虽然实现了财务自由，却没有真正的幸福感。而现在也有很多人，一直在寻找更好的获利方法，却不得不牺牲身体健康和家庭关系。这种情况就像当年的我一样，真是让人心疼啊！

下面将这三个方面分开讲述。

一、健康

健康是指生理的、心理的和社会关系的良好状态。大家都知道身体健康的重要性，平时关注最多的也的都是这一块。这里要谈谈心理健康，这是个貌似深奥的话题。心理健康包括个人思维方式、心智模式，处理问题的方式、方法，看待问题的角度，都会不同程度影响一个人的行为。如果学过心理学或参加过内在成长课程，可能对这些更了解。

人每天都在与自己进行对话、相处。有时候会发现自己无法接纳他人，或者与他人相处总是出问题。实际上，这些问题的根源在于与自己的相处方式不够和谐，对自己不满意。要知道，"我"是一切问题的根源！所有问题的源头都是自己。比如，孩子考了90分，有些家长可能觉得这是个不错的成绩；而有些家长可能觉得这个成绩不够好，会责问孩子为什么没能考得更高。事实并没有改变，只是家长的态度和感觉发生了变化。

二、关系

关系一般包括家庭关系和社会关系。家庭关系是所有关系的核心，夫妻关系又是家庭关系的核心，其次是与父母、孩子的关系。

现实生活中，很多人都需要解决家庭关系问题。家庭关系如果处理得好，会滋养我们的内心，成为我们追求财富的助推器。外面无论有多好的人际关系，获得多少成就，家庭关系处理不好，就会觉得缺乏幸福感。有些人在实现财务自由的过程中，当时家庭关系不够好，所以依然感觉不开心。其实，人的80%快乐都来自良好的关系。就算财富少一些，只要关系足够好，还是可以过上开心的日子。

人人都需要朋友，但有些朋友只会向你借钱，有些朋友则能让你借力到更多的资源。想象一下，你只靠自己辛辛苦苦一年获利 10 万元，与借助他人的资源快速获利 100 万元相比，简直就是小巫见大巫。看看那些有几千亿元资产的人，每年获利上百亿元，只靠自己一个人的努力，几乎是不可能实现的。回到 2015 年，虽然当时我实现了财务自由，但后来借助了一些资源，我的资产得到了快速倍增，甚至一年获利就超过了前几年。前后的区别是什么？不是获得财富的技能提高了，而是处理关系的能力提升了。家庭关系和谐了，就有更多的能量去尝试更多事情，没有后顾之忧；朋友关系提升了，开拓了思维，借力了他人的资源，获利的方式也大不一样。因此，人们常说关系决定了财富的上限。

三、财富

财富由物质和精神两部分组成。精神财富就像是内功心法，是让人变得更强大的力量所在。如果只关注物质财富而忽略精神财富，就像是一名武者只懂招式却没有内功，表面上看起来很强壮，但实际上缺乏真正的实力。学习是增加精神财富最有效的方式之一，如果不肯付出努力去学习，不肯吃学习的苦，往往会吃更多生活的苦。有些人可能已经物质富裕了，但他们的精神世界却很贫乏，甚至为了赚钱而做出对社会有危害的事情。因此，不能只追求外在的物质财富，还要注重提升自己的内在修养，这样才能真正成为一个值得被尊重的人。

经常有人问我："既然你已经实现了财务自由，为什么还要帮助别人？"这个问题可不简单。其实，帮助别人能给自己带来巨大的精神财富，有时候比物质财富更有价值。有些人被金钱所束缚，为了生存而奔波忙碌，根本没时间关注精神层面的需求。所以，他们可能无法理解这一点。但是，当人们实现了财务自由，可能会迅速意识到财富并不是幸福的唯一来源，关注精神财富真的很重要。只有同时拥有物质和精神富足，才能实现真正圆满丰盛的人生。

另一方面，也有很多人忽略了物质财富的重要性。物质财富赋予人们追求幸福的时间和精力，让人们不再为了温饱而四处奔波；不再为了房子、孩子的教育而疲于拼命；不再为了医疗费用而弯腰驼背。把 20% 的时间用于高效工作，把 80% 的时间用于照顾健康和关系，这样幸福公式就更容易实现。就可以有更多的时间享受运动的乐趣，呼吸新鲜的空气，保持身体的健康和活力；可以和家人朋友共度美好时光，培养情感深厚的友谊；还可以有充裕的时间去探索世界、开阔眼界，丰富自己的生活经历；可以追求自己的兴趣和爱好，追逐内心的梦想，找到真正的快乐和满足。这样的生活也是你想要的吧！

关于财富的误区实在太多了，不乏一些优秀的人也在财富的误区中，他们从事着有意义的事业，可以成为别人生活中的明灯，可问他们是否能从中获得财富支持时，他们却说不行，或者说不应该追求财富。这让我开始怀疑，他们是真的不喜欢钱，还是不懂如何获利，又或者是对获利有着深深的误解呢？下面来看伟大的教育家孔子是如何看待这种情况的。

有一次，孔子的弟子子贡在国外赎回了一个鲁国人，回国后却拒绝接受国家给予的赎金。孔子得知后说："子贡，你错了。领取赎金并不会损害你的品德，但是如果不领取，鲁国就再也没有人会去赎回自己遇难的同胞了。"这个故事说明，有时候接受一些补偿并没什么不好，反而能够帮助更多的人。

后来，孔子的另一个弟子子路救起了一个溺水者，那人非常感激，送给子路一头牛作为感谢。子路高兴地接受了这份礼物，孔子则开心地说："从此以后，鲁国的人一定会更加勇敢地去救助落水者了。"这个故事说明，有时候接受一些回报并不会削弱善行，反而能够激励更多人去行善。

如果一个人把所有的时间和精力都花费到帮助别人上，而忽视了自己的财富，甚至连自己的生活都陷入困境，那就像是把家里的灯拆了去照亮别人。虽然能够照亮一时，但是很难持久，甚至会让后来的人望而却步，就像子贡的故事一样。

飞机上的紧急迫降提醒，大人需要先行佩戴氧气面罩，再去给幼童佩戴，是同一个道理。一个人永远给不了他人自己没有的东西。

追求财富并不是一种罪恶，而是一种能够让人更好地帮助他人的手段。只有在拥有了足够的财富之后，才能够更加自由地去影响和改变世界。所以，让我们努力追求财富，成为那盏照亮别人生活的明灯，让财富成为帮助他人的工具，而不是束缚自己的枷锁。

> **财务自由可以赋予我们追求幸福的时间和力量。**

如果一个人的行为既能让人受益又能带来财富，那么就会有更多的人想要成为他的模样，就像孔子赞赏子路的影响力一样。即使助人者离开了这个世界，他的精神仍然存在，他的状态被无数人向往，随后一批又一批的人来延续他未竟的事业。这其中的逻辑就是，他的行为让人们感受到：这才是要追求的幸福生活状态。所以说，幸福＝健康＋关系＋财富，缺少其中任何一项，都是不完整的，只有将财富融入其中，才是人们向往的生活方式。这符合人性，符合社会规律，因此能够持续发展。

身体健康、心理健康、家庭关系、人际关系、物质财富和精神财富是幸福的各个方面。当这些方面都充盈时，就能够达到幸福的状态。就拿我自己来说，致力于专注践行幸福公式，将工作精简到最核心的部分。每天早睡早起，与一群伙伴们一起学习，分享健康习惯，相互监督。同时，我的内心也变得更加健康，积极思考，并建立了良好的家庭关系，真正实现了内外的富足。在这个过程中，大家共同成长，紧密联系，人际关系也得到了提升。通过教授他人理财，自己的理财技能也越来越好，精神世界也更加丰富。因此，我选择全身心投入这个事业，与大家一起践行幸福公式，共同创造美好人生（见图 6.12）。

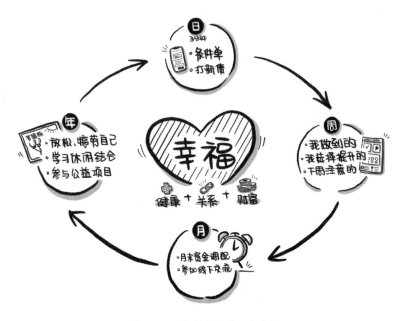

图 6.12　幸福投资人的日常功课

　　希望更多人加入这个行列，一起践行这个简约而不简单的幸福公式，共同创造内外兼修的幸福人生！

> 财富是标配，关系、健康是高配，幸福是顶配。

本章小贴士

　　关注日常操作，设定一个投资日历，利用最少的时间理财，这样就能把更多的时间放在关系和健康上，真正实现内外兼修，过上幸福圆满丰盛的人生。

日操作：要定时 3 分钟来完成日常操作，检查一下条件单的设置情况，预约申购一些新的可转债。

周回顾：回顾过去一周的成长之路，写下复盘笔记，反思和检视自己的表现；在社群中与大家一起学习，互相陪伴；查看集思录，了解可转债的强制赎回情况；最后，回答三个问题：我做到了什么？我要提升什么？下周需要注意什么？这样，就能够不断进步，不断成长。

月计划：每个月底或月初，安排好未来一个月的计划，包括参加一些线下活动，和同学、教练们见面交流。这样，既能够学习，又能够享受社交的乐趣。

年度目标：别忘了轻松喜乐，奖励自己。合理的年度目标是，用理财获得的利润，抽出一部分来放松、犒赏自己；带上孩子参加一些线下的财富亲子游学活动，既能够休闲放松又能够学习知识，收获双倍的快乐；同时，参与一些公益项目，帮助别人的同时，也能够提升自己的个人价值。

一生的蓝图：最重要的是让财富助力自己找到人生的意义，绘制一生的蓝图；跟一群志同道合的人一起践行幸福公式——幸福＝健康＋关系＋财富。

只有在这三个方面都兼顾到，才能够真正实现幸福的人生。

相信自己，相信教练，相信规律。

第七章　投资系统：
低风险投资系统是如何炼成的

投资系统就像一辆炫酷的赛车，它由无数个小零件组成，就像系统的每个小步骤。这些零件本来就存在，但要把它们巧妙地拼装在一起，打造出一个完美无瑕的系统，可不是一件容易的事。就像自己亲手组装一辆赛车，必须找到正确的零件，进行精确的组装，还要掌握驾驶技巧，才能体验到在赛车场飙车的刺激。

没有一个系统化的投资方法，简直是个悲剧。我在投资的早期吃了不少亏，几乎要放弃这一领域。但当成功创造并掌握了一套超级投资系统，财富的大门就轻而易举地敞开了。就像赛车手成功组装一辆赛车并掌握驾驶技巧，就能尽情享受在赛车场飙车的乐趣。

本章将揭秘这套低风险理财系统的内幕，让投资者了解如何从零开始打造低风险理财系统，并掌握其内在逻辑。

第一节

三个相信：这是技巧

打开"相信"的开关，世界从此在我们面前敞开。在本节中，将探讨三个关键点：相信自己、相信教练和相信规律。或许这些观点会与投资者现有的想法有所不同，下面逐一揭开神秘面纱。

一、相信自己

相信自己，相信自己有能力理好财，只有自己学会理财，才能真正掌握财富的秘密。

许多人常常无法相信自己能够理财。他们或许觉得自己没钱投资，或者怕自己学不会理财，甚至相信自己注定和财富无缘。这种想法容易理解，毕竟大多数人接受的就是这样的思想。然而，这就像一个航海家在大海中迷失方向，如果他不相信自己能找到回家的路而坐以待毙，那他就真的找不到回家的路了。问题的关键不在于困难有多大，而在于自己首先放弃了。当然，我们并不是时刻都拥有强大的意志力，但有些方法可以帮助我们更好地走向成功，就像航海家需要指南针和必要的生存技能一样。

当我每个月只有几千块工资，却背负着巨额房贷感到窒息的时候，也曾觉得自己与投资无缘。然而，当我开始学习理财知识后，我决定把收入优先用于投资，然后再考虑消费。很快，我就有了一些闲置资金。通过学习信贷知识，我把信用贷款这个工具用得炉火纯青，手头就有了一笔可用资金。曾经我以为要辛辛苦苦还上30年的房贷，一辈子的财务状况也就这样了。只过了几年，我就已经拥有了自己的房产，并实现了财务自由。所以，相信自己是财富的基础，学习相关技能就是打开财富宝箱的钥匙。

当投资者开始相信自己，魔法就开启了！从无助的自暴自弃状态，会迅速转变成为寻求解决办法的超级英雄，也会通过学习获得解决问题的绝招。但是，总有一些人担心自己学不会投资理财，实际上，这只是他们心里的一种壁垒。他们并不是真的学不会，只是缺乏自信，或者干脆对理财置之不理。就像小时候学习使用筷子一样，对于外国人来说可能很艰难，但每个中国人都能够学会，因为父母和孩子都相信能行，并将其视为生存基础技能。所以，问题不在于学习的难度，而在于是否相信自己能学会。况且，真正的低风险理财系统并不复杂，就像本书中的买卖策略一样，小学的加减乘除已经足够应对。

近几年来，我帮助了一大批人，他们的年龄从十几岁到七十多岁不等，有些人甚至文凭不高。这些基础条件丝毫不影响他们掌握投资知识。没错，财富是每个人与生俱来的权利！不管背景如何，每个人都蕴藏着实现财务自由的潜力。世界上有无数的成功案例证明了这一点。从成功人士到企业家再到投资大亨，很多人都是从零开始。而他们有一个共同点，那就是他们相信自己能够创造财富，他们坚持不懈地追逐梦想，并最终收获了巨大的成功。所以，要深深地相信，追求财富是每个人的权利。只要努力学习专业知识，建立正确的思维框架，并积极地付诸行动，就可能一步步实现自己的财务目标，创造幸福的生活。

过去，我们接受的"眼见为实"的观念，其实真相也许是：因为相信，所以看见。

> 因为相信，所以看见。

不少投资者总问该买哪只股票、哪只可转债，声称自己太忙了，没时间学习，只想直接"抄作业"。实际上，这样的想法有点不切实际。尽管投资者可以向他人请教和寻求建议，但最终的决策和行动还是需要由自己来完成，因为拥有丰富的知识储备才是作出正确决策的基石。

举一个老板理财的故事。这位老板通过做生意积攒了超过500万元的现金，但这笔钱却长期躺在银行里，只能得到微薄的利息。长此以往，他也担心这些现金贬值。于是这位老板决定进行理财投资！

由于对理财不够了解，他找了一位理财顾问来帮忙。第一年，他投入了100万元现金，获得了10%的回报，听起来不错，但实际收益只有 10 万元。和他闲置的 500 万元相比，这个收益率真是微不足道！接下来，他决定陆续投入 500 万元，结果却遭遇了 4% 左右的下跌，亏损了 20 万元。这位老板就焦虑了，心情如同过山车一样起伏不定。毕竟总收益开始出现亏损，谁都会变得不安，内心充满了各种担忧和不确定性。

过了半年多，老板终于扛不住压力，选择了认输，撤离了投资领域，内心还对理财顾问多有抱怨。这个案例展示了一个重要的教训：即使投资者找到了一位理财专家来帮忙，但如果投资者对理财投资一窍不通，只靠别人的指导也不可能实现理想的结果。

事后我对他说："这就如同你招聘员工，需要先了解岗位的要求，知道需要找什么样的人才，据此客观地评估他们是否胜任。那在寻求理财帮助时，你对理财投资这一领域一无所知的情况下，就选择相信他人，是不是应该反思一下？"

这件事让那位老板茅塞顿开。正所谓"老板不对，下属遭罪"，明明自己不专业，却要埋怨别人，归因应该是自身不专业带来内心的恐惧和困惑。

理财和其他重要的事情一样，首先必须靠自己，至少做个内行人。只有自己掌握了投资知识，建立了完善的投资体系，才能自信从容地进行操作。选择委托他人进行投资时，也能找对人，并做到用人不疑。

此外，学习投资不仅能够改变自己，还会逐渐影响到家人。当孩子从小就在身边接触理财知识，他们的财商意识会随之提升。

这种言传身教的影响是其他方式无法替代的，不知不觉间给孩子开启了通向财富世界的通道。

无论哪个家庭，理财都是一项必不可少的技能。对有资产的人来说，理财投资更是最终实现财富的秘密武器。即使他们离世了，他们的理财体系仍会影响后代，遗产不仅是物质财富，更是财商智慧的传承。人们常说："最好的财富传承是财商智慧的传承。"

> 最好的财富传承是财商智慧的传承。

所以，请保持自信！相信自己的能力，迈出学习理财的第一步，不断完善自己的知识和技能。

每个人都有权利追求财务自由，这不仅是对自己的承诺，也是对家人的责任。通过理财，能够实现财富的增长，保障家庭的福祉，并为下一代创造更美好的未来。理财是每个人的权利，也是一项重要的技能，它将引导投资者走向财务自由的道路，就像是给投资者配备了一把开启财富宝箱的金钥匙！

二、相信教练

几年前，妻子和大女儿学游泳，在教练的教导下她们只花了两三天时间就轻松掌握了游泳技巧。我简直不敢相信！因为我自己学游泳的经历比较悲惨。记得小时候，整个夏天都泡在河塘里，经历了几次惊险时刻，才勉强学会游泳。有教练和无教练之间的差距真的很大！

在投资领域也非常相似。就拿我自己的投资经历来说，最开始的三年，完全是自学摸索，结果损失了超过 80% 的本金，那可是省吃俭用攒下来的钱！直到 2010 年，突然醒悟过来，下定决心主动寻求向他人学习的机会。

一定要止亏为盈！

在短短一年时间里，我找到了亏损的原因，接下来的两年潜心打造自己的投资系统。经过三年不断调整和完善，形成了属于自己的投资系统。在接下来的十年里，年均收益非常高！这样的成绩听起来很难让人相信，却是千真万确的事实。在后续的教授中，这套系统不断被验证，非常有效，取得了可喜的投资收益。

所以，向专业教练学习绝对是最高效的方式。他们有经验、有知识，能够指导投资者避开投资陷阱。他们还能够提供系统化的学习路径，让投资者迅速掌握理财投资的技巧和策略。这就像是直接给投资者一张宝藏地图，带投资者走出迷宫，享受财富的喜悦！

> 向专业教练学习是最高效的进阶方式。

向教练学习时，要懂得如何挑选一位优秀的教练，这样理财投资之路就会比较顺利，技能提升也会飞快。就像选择读一所好的小学、中学，进入一位超牛的班主任或老师的班级，这样进入好大学的概率就会比较高。

这方面我也走了很多弯路。一开始，我选择参加金融机构的免费课程，毕竟一般人都觉得这些机构更专业。后来，发现他们教得太过理论化，我只是得到了概念，却没有真本事。该如何找到一位好教练呢？这里分享三招，助力投资者找到三好理财教练，提升自己的投资技能！

1. 好成果

优秀的教练应该能够展示出自己取得的耀眼成果。就像选健身教练一样，首先看他们有没有健美的身材和完美的线条。虽然投资教练的成果无法直接从身体上体现，但可以通过评估他们在实际投资中的成绩来验证他们的实力。不少所谓的理财好教练表面上看起来挺高大上，但实际并没有真正持续获利的经验。

2. 好系统

优秀的教练应当有一套好的理财系统，好系统首先应该是易于复制的。很多人错误地认为找到收益最高的系统是最重要的，但事实上，容易复制的理财系统才更适合普通人。就像麦当劳和肯德基这样的连锁品牌，它们易于复制并受到大众喜爱。相比之下，虽然有些家庭的炸鸡也很美味，却难以复制。相信不少投资人也曾学习过许多高收益的投资系统，但因为某些不确定性因素，很容易出差错。这种系统就像踩着高跷走钢丝，不够稳定也难以复制。

3. 好品质

一位优秀的教练应该具备两个主要品质：人品好和教学方式好。判断一个人是否具备良好的品质有一个简单的方法，就是观察他的朋友圈和家庭，这将基本上揭示他的为人。教学方式的好坏往往被人们忽视，因为一个人在某个领域取得了巨大成功，并不意味着他也能够很好地教授他人。就像篮球运动员乔丹，虽然在球场上非常出色，但当他担任教练或球队老板时，却远不及他作为运动员的辉煌。而当年指导乔丹多次获得总冠军的主教练杰克逊，在自己做球员时只是球队的替补。

考量教练的成果验证、系统的可复制性及教练的品质，就能更准确地选择一位三好理财教练。这样的教练不仅是传授理财技巧，更重要的是能引导投资者形成正确的投资思维和长远规划。他们能帮助投资者树立正确的投资目标，教导投资者如何控制风险和管理资金，以及在市场波动时保持冷静和理性。他们是投资者投资路上的超级导航，让投资者能更加自信和成功地徜徉于投资的海洋。

> **三好教练：好成果、好系统、好品质。**

但是，找到一位优秀的教练后，也不能就等着坐享其成。许多人其实不懂得如何向教练学习，这主要是因为他们对教练缺乏足够的信任。

有些人在学习过程中总是充满纠结的态度。就像学开车一样，如果新手司机在其他方面都认真听教练的话，却对教练说的刹车技巧掉以轻心，那可能会有悲剧发生！在理财投资的世界里，一些微小的错误也可能会引发重大不良后果。有时候，犯一次致命的投资错误不亚于高速公路上的一场车祸，会让人追悔莫及！

对于一个陌生的领域，保持空杯心态非常重要。空杯心态不仅是把杯子倒空了，还要把杯子内壁彻底清洗干净。刚开始学习的时候，投资者可能已经有一些零散的知识或经验，就像杯子里面残留的奶渍一样，如果不好好清洗，倒入清水后还是会有浑浊。所以，投资者需要彻底清洗杯子，摆脱旧观念和不稳定心态的束缚，才能学得更快，真正掌握一套完整的系统。

> **空杯心态，学得更快。**

当然，不是说教练就是绝对不可怀疑的，也不是说他们100%正确。在初学阶段，如果投资者选择跟随教练学习，就应该全盘接受他们的教导，包括他们的错误，因为谁都不会完美，投资也无须完美主义。等到对整个系统熟练了，自然可以进行修正和提升。就好像买一辆汽车，得买整辆汽车，不能只把其中的某些零件买回来。等到熟悉了汽车之后，再考虑自己动手改装，提升性能，那才是可行的方案！

所以，找到一位三好教练，并信任他，远超自己研究，并能快速掌握投资技能，从而慢慢形成自己的系统。

三、相信规律

就像大自然的规律一样，投资市场也有自己的律动。以股市为例，上证指数近30年的走势如图7.1所示，这是一幅波动图形，横坐标表示时间，纵坐标表示价格。通过这个趋势图，可以看出股市的规律：虽然短期内会有较大的波动，但从长期来看，它仍然呈上升趋势。了解和相信这些规律，有助于投资者更好地把握投资机会，避免盲目决策。

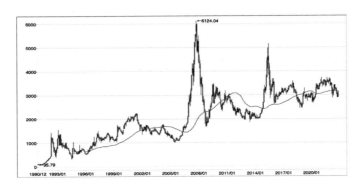

图 7.1 中国股市趋势图（上证指数）

股市总是受多种因素的影响，从经济发展、政策变化到公司业绩，它们相互作用，演绎出市场的涨涨跌跌。不过话虽如此，总体来说，经济发展和企业业绩的增长往往会推动大部分上市公司的股价上涨，顺便带动可转债的涨势。这才是股市投资者收益的源泉。据中国证券投资基金业协会的统计数据显示，中国股票市场的平均年化收益率在 10% ～ 15%，长期持有，收益率一般会超过 10%。

中国股市虽然发展时间相对短暂，才 30 多年，但拥有超过
200 年历史的美国股市也呈现出类似的趋势（见图 7.2）。据统
计数据，美国股市平均收益率大约在 8% ~ 10%。这就是市场给
予投资者的回报，同时也符合人类社会发展的规律。毕竟，人类
勤劳工作，创造财富，推动着社会不断进步。

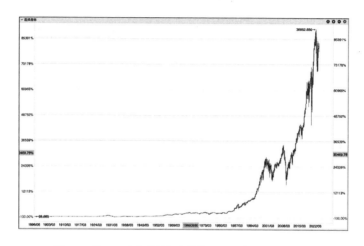

图 7.2 近 100 多年美国股市趋势图（道琼斯工业指数）

然而，为什么有那么多人在证券市场上无法获得收益呢？这
得归因于股市的另一个特点：短期内的剧烈波动。大多数投资者
并没有把握市场波动的规律，他们总是在市场最火热的时候匆匆
入场，抓到一些利润，然后因为贪婪而增加投资本金，甚至借助
杠杆，最后却发现自己损失更大。

一个惨痛的故事：2015 年 5 月，与我同在一个证券营业部
开户的一位投资者，手握 500 万元资金，他还觉得不够，于是通
过融资加杠杆把资金瞬间扩大到 5 000 万元，然后进入股市大展

拳脚。就在市场火热得发烫的时候，他的股票上涨60%，飙到了8 000万元，净获利整整3 000万元！然而，风光无限的时刻没有维持多久，股市却像失恋者一样让人大跌眼镜。在短短一个多月时间里，他的资金狂跌了43.8%，亏损超过3 500万元！原本的500万元本金和之前赚到的3 000万元，一夜间化为乌有。

市场的波动，它既有给予收益的魔力，也能给投资者带来惊天的亏损。虽然股市会摇摆不定，但并不意味着要像热锅上的蚂蚁一样烦躁不安。相反，要保持冷静，不盲动，沉稳观察。就像投资可转债的策略一样，买入后要耐心持有，不理会短期的波动，最终反而能够收获更好的回报，就像种地一样，耐心耕耘，终将收获满满。

然而，现实却很讽刺，不少投资者总是在市场高点入场，满怀信心、高谈阔论，而在最低谷时却如惊弓之鸟、心如死灰。

让我们穿越时空去到20世纪初的美国，那时经济正处于大繁荣期，人们满怀信心，投资的热情如火如荼。股市的价格像个不知疲倦的攀岩者，一路向上，投资者们蜂拥而至，指望获得丰厚的回报。然而，这股繁荣的浪潮并没有持续太久。

随着经济的过热和投资的无节制，经济终于到达一个十字路口。过度投资和市场饱和让企业的利润开始下滑，投资者们对未来也变得心存疑虑。情绪一落千丈，股市开始出现下跌的迹象，投资者们为了避免损失纷纷抛售股票。市场像失控的过山车，恐慌一发不可收拾，股市进一步下跌。

这种下跌的局面持续了很长时间，直到企业的利润触底反弹，经济开始复苏，投资者们的信心慢慢回升，股市才开始逐渐升温。股票价格又开始上涨，吸引了更多的投资者进场。慢慢，市场恢复了生机，看起来又是一片繁荣。

然而，这个繁荣并不会永恒。新一轮的调整和下跌如期而至，经济周期不断起伏，股市就是永无止境的过山车，一次又一次地循环上演。

所以，人们说投资市场是情绪的显示器：在犹豫中上涨，在疯狂中崩溃；在期待中下跌，在绝望中重生。当投资者经历了一个完整的市场投资周期，会对此有更深刻的体会。

> 在犹豫中上涨，在疯狂中崩溃；在期待中下跌，在绝望中重生。

长期上涨、短期波动，这就是股市的基本规律。这个规律几乎是股市的老股民们心知肚明的常识。问题是，为什么人们明明知道这些规律，却一次又一次地踩同样的雷呢？这是人性的弱点所导致的。虽然人们都知道应该"在别人恐惧时贪婪，在别人贪婪时恐惧"，但这些规律对大多数人来说难以捉摸。每当股市暴跌，人们的悲观情绪就像传染病一样迅速蔓延，很多即使拥有十几年投资经验的人也难免受到影响。

本节的三个相信是从心法和规律上修炼认知，下一节将分享从干法和实操系统上克服市场情绪的绝招，并形成一套操作系统。掌握了这些技巧，就能更好地应对市场的风云变幻，保持冷静和理智，从而在投资路上收获更多胜利。

第二节

持续成功投资的关键

成功的投资技巧有三个关键要素：博弈游戏、规则利用和操作系统。这三个关键要素密切相关，通过它们，投资者能够深入了解人的角色、掌握行事之道，并将人与事巧妙结合。再加上适当的工具，就会发现如何与正确的人合作、做正确的事，运用高效的方法，形成一套完美的系统，从而走向胜利的彼岸。

一、博弈游戏：如何立于常胜位置

在踏上任何征程之前，首先要弄清楚自己的位置，尤其是在投资市场上。不然，就会盲从，始终不得要领。所以，第一步就是要明确自己在投资市场中扮演的角色。股市里有四个最基本的角色：国家、专业投资者、普通投资者和上市公司（见图 7.3）。

国家不仅是规则制定者，也参与市场。专业投资者则包括各类大机构、大公司和那些行家里手。普通投资者呢，就是指那些

图 7.3 股市中的四个角色

没什么专业背景和经验的人。至于上市公司，它们是股市的获利机器，也是所有投资者追逐的目标。

可以拿打扑克牌娱乐来做个比喻：如果你打了几把扑克牌，还搞不清谁是桌上技术最差的，那么恭喜你，技术最差的就是你。同样，在投资市场上，如果你还摸不透谁是那些输给大盘的人，那你很可能就是其中之一。

那么，这四个角色在投资市场上都是怎么表现的呢？

先来看国家。国家在股市中扮演着重要的角色，制定游戏规则，还通过税收政策对股市进行管理，例如，对股票交易利润征收资本利得税，以及对分红、股息等收入进行征税，这些税收不仅为国家提供财政支持，还关系到国家经济的发展和民生改善。

同时，国家也希望通过股市的运行，使国家的资产得到增值，比如社保基金也持有多家上市公司的股票。国家是股市的主导者，也是股市的稳定器，因此在股市低迷时，国家会积极采取措施注入活力。然而，这种时候一些非专业人士常常恐慌，认为股市将会崩盘，这显然是没有理解股市的逻辑。特别是在国家追求金融强国地位的过程中，建立强大的健康的股市机制至关重要。因此，跟随国家的步伐，才能更容易享受经济发展的红利。

专业投资者比普通投资者更为专业，成绩一般还可以，但也可能会亏损，因为专业投资者群体也是符合"二八定律"的。20%的精英获取了大部分的收益，而80%的专业投资者的收益可能还不如平均水平。原因多是投资策略不够高明，或者无法克服人性弱点乱操作，多次获利不及一次乱操作的亏损。特别是在股票市场极端下跌情况下，专业投资机构还可能会顶不住巨大财务压力，甚至最终破产。市场可不是个好惹的地方，那些看似很厉害的专业人士都可能会吃不消。

举个例子，2016年的某信托公司陷入了大麻烦。当时中国的房地产市场开始降温，经济增长也随之稳健，这使得该信托公司的债务负担愈发沉重。由于资金链紧张，还有还款压力不断增加，该信托公司再也无法兑付承诺。投资者们对该信托公司的信心受到了沉重打击，他们开始纷纷要求退还投资款。这又进一步加重了该信托公司的资金压力，最终宣布破产，由中国证券投资基金清算公司接管。这一破产事件说明，就算是庞大的金融机构也无法摆脱金融市场的波动和不确定性的影响。所以，即使专业机构看起来牛气冲天，也不能太迷信他们。

至于普通投资者群体，他们通常会一轮接一轮地期待，境遇亟待提高。根据中国证券投资基金业协会发布的数据，以下是一些关于中国股民收益的统计信息：约有 80% 的短期交易者在一年内亏损，只有不到 20% 的人能够获得正收益。所以，普通投资者的收益率往往低于市场平均水平。很多个人投资者在股市中表现不佳，一部分原因是他们容易受到市场情绪的影响，受情绪驱动交易，导致高位买入、低位卖出，遭遇亏损。另外一部分原因是部分人专业知识有限，对市场规律一窍不通，盲目投机。

最后一个角色就是上市公司，他们是投资者获利的大金库，负责经营好自己的公司，获取利润，然后分红给投资者。相比之下，国债、普通公司债券还有银行存款这些传统投资品的回报率通常只在 2% ～ 4%。但是，股市长期增长率在 8% ～ 12%，不论是国内还是国外！所以说，参与股市投资更能获得高收益，毕竟它有着更高的平均增长水平。

那么，作为投资者的你现在是哪个角色呢？对于普通投资者来说，如果想要获得高额收益，就得拼命争取成为前 20% 的更专业的投资者。要不然，很可能就成了市场里的失意者，到头来只能是亏损。

所以，目标就是要成为专业投资者！作为专业投资者，需要掌握哪些法宝呢？怎样才能成功地转型为专业投资者呢？

关键不是你是谁，而是你要成为谁。

二、利用规则：专业投资者的法宝

通常，人们以为的规则就是一些基本的投资规定，其实这是一个误区。专业投资者研究的往往是一般规则背后隐藏的规则，或者说，他们站在高处眺望，对规则有着不同的洞察力。而普通投资者往往容易被表象蒙蔽了眼睛，看不见这些规则的真相。

这种情况在日常生活中也常常发生。记得我去旅游的时候，为了早点进入景区，和家人一大早起床排队等待，整整花了两个小时才终于进入景区。当时还以为掌握了规则，早起排队能提前进入景区，占尽先机。可事实并非如此，进入景区后，我发现有些人从反方向进来，我们刚进去，他们已经游玩完毕，准备离开了。问了才知道，原来这些游客是雇了当地导游，从另一条通道进入景区，所以他们完全没有排队和人群拥挤的烦恼，尽情享受了美景，而我们却白白浪费许多时间。

大众所熟知的规则只是冰山一角，而那些鲜为人知的规则才是真正的投资宝藏。当然，利用规则并不意味着违反规则，而是要深入了解规则，研究规则背后的隐形规律，并以合理合法的方式行事。

日常生活中，有各种机会利用规则来获取一点小优势。比如说，想在短视频网站上变成大红人，就需要了解算法规则，搞清楚什么样的内容才能引来一大波粉丝；或者在医院排队等专家看病，通过在 App 上提前预约，就能直奔心仪的专家，绕开人山人海的等候。可转债作为一种投资工具，允许投资者以折扣价格购买股票，即转股价下修，一般股民则只能以原价购买。以上这些例子才是真正利用规则，因为它们都深入挖掘那些不太为人所知的隐形规则。

　　然而，为什么不少人总是自以为很了解规则呢？其中一个原因是这些人对某个领域是新手，完全没有入门。比如，有些人觉得开个证券账户，回答几个风险评估题，就可以开始炒股了，听听证券公司介绍的投资规则就能了解规则。实际上，还有大量的逻辑、数据和规则都没了解清楚，更别说那些隐形规则了，后果可想而知。第二个原因就是，大多数人没有靠谱的渠道，没有好的学习环境。很多人都追求免费的知识，以为可以轻松掌握一切。可是这些人不知道，免费的东西往往是最贵的，大部分都是些碎片式的信息。其实，更高效的方式是请教真正的专家，他们才是最有料的人，可以指点迷津，少走弯路。关于找教练，上一节已做详细说明，这里不重复。

　　如何更好地利用规则呢？只需要掌握两个关键要素：深入学习和实践分享。学习是利用规则的第一步，但千万别浅尝辄止，要深入学习！比如读者正在读这本书，这也是个学习的过程。学习的关键不仅在于了解可转债的基本规则，更要深入研究那些隐形规则。比如，可转债下修的规则设计和上市公司推动转股的目的。这些不起眼的细节可藏着大智慧。

学习时千万不要被统计数据吓到,它们是深入学习的好帮手。通过仔细分析可转债价格的变化,才能发现隐藏在规则背后的宝藏。有些人一眼都不愿多瞧,觉得前期的学习都是浪费时间,只想了解"核心的干货"。对于规则学习,他们只是停留在一般规则的表面,从未深入研究其中的细节。

深入学习是利用规则的第一步,接下来就是将所学知识付诸实践。别只空谈理论,要亲自尝试、躬身实践!

拿起手机打开交易 App,亲自验证和应用可转债的下修规则。选择一些可转债进行实际交易,观察它们的价格变化,尝试利用下修规则来优化投资策略。别怕犯错,投资就是个学习的过程,经验是积累起来的。

当然,也不要只停留在个人实践,还要学会分享经验,与他人互动。可以与伙伴或教练交流,讨论可转债下修规则的应用和实践经验。分享自己的成功和挫折,倾听他人的故事和建议,这样才能从多个角度理解规则的妙用,这会启发自己思考规则的更多可能性。或许有人有独特的洞察力,或许有人有独到的策略,他们的经验都是宝贵的财富。在多人讨论的过程中,大家更有可能发现潜在的规则。

正如巴尔扎克所说:"成功的秘诀就是准确地知道一切的规则。"无论是投资还是其他领域,利用规则都是成功的关键。因此,人们需要不断学习、实践并与他人分享互动,以更好地利用规则,取得更大的成功。谨记:利用规则,尤其是隐藏的规则,是专业投资者的法宝。

> 利用规则，尤其是隐藏的规则，是专业投资者的法宝。

三、操作系统：持续投资成功的关键

系统广泛存在于人类世界，如人体内的消化系统，它不仅是器官，更是由很多运作规律构成的复杂系统，让食物转化为营养，同时将有害物质排出体外，维护了健康。同样，家庭也是一个看不见的系统。家庭成员各司其职，互相协作，共同维系着家庭生活和文化传承，这种互动是建立在伦理和家庭系统上的。更大的层面上，国家也是一个复杂的系统。虽然每个人的思想和习惯都不同，但国家能够将所有人融合在一起。比如，政治和文化系统为国民融合提供了纽带和支持。

没有系统，身体只是一堆彼此勾连的器官；没有系统，家庭只是一群熟悉的陌生人；没有系统，国家只是一盘散沙。正因为系统把那些看不见的规律和纽带理顺，才能更好地应对挑战，获取财富。所以，学会系统思维，构建自己的操作系统非常重要。别再以为操作系统只存在于计算机中，它们就像是投资成功的秘密武器。掌握了系统思维，就相当于操控着一台强大的投资机器。

这里要介绍的是常用的家庭理财系统（见图7.4）。可以将这个系统比作一支强大的军队，其中有冲锋的勇士、坚固的城墙、

家中常备的粮草和进可攻退可守的后备军。

图 7.4 壹到拾家庭理财系统

1. 冲锋的勇士包括三驾马车：创业、地产、股票基金

投资者也可以把创业理解为自己的工作，无论是上班或创业，都可以借此来获取收益；地产、股票、基金都是获取财富的常用途径。未来会在其他书籍中详细介绍。

2. 有坚固牢不可破的城墙，通常指的是高效的保险

这里有两个重要原则：

首先，保险是必不可少的。没有保险就像在海潮中裸泳，海潮退去就现原形。明天或者意外，哪个会先到来，谁都无法预测。因此，保护好家庭财务就必须拥有保险作为后盾。

其次是保险必须高效。不能购买昂贵而低效的保险，就像在城墙上贴金块，看起来很华丽，但实际没有什么作用，只是浪费资金。相反，应该购买那些真正高效的保险，就像是用砖头、水泥和钢筋混凝土来加固城墙，以确保其坚固牢靠。有些人花费了大量资金购买保险，但实际上，他们所得到的保障却非常有限，大部分资金都被用来购买了理财型保险。

3. 家庭理财系统中的粮草指的是储备金

在军队中，粮草是必不可少的。同样，在家庭理财中，储备金也非常重要。如果出现了问题，就需要依靠储备金来应对。如果投资者想长期定投基金，比如五年或十年，也需要储备金来支持自己的投资。因此，在家庭中设立储备金是必须的。

储备金在需要时可以随时支配，但也要让它产生收益，可以将现金放在灵活存取且收益相对较高的理财产品中，年化收益在2%～3%。很多不了解的人，会将钱直接存放在银行活期账户中，活期利息只有0.35%。

另外一个储备金形式就是信用。信用是整个金融信息社会中不可或缺的一部分，它源于最古老的社会。作为一个普通的工薪阶层或者企业老板，如果打造好信用，基本都可以从银行获得100万～200万元的免抵押品的信用贷款，随用随取、随借随还，不用就不产生利息。有了这些贷款，投资者可以放心把自己的闲余资金用于投资，而不必担心生活的紧急用钱，这也是理财的技巧。

4. 进可攻退可守的后备军

可转债就是投资领域的后备军，有些人可能觉得后备军不重要，但是在战场上，决定胜负的往往是后备军。后备军在冲锋的勇士掩护下，往往更容易攻其不备、出奇制胜。可转债也是如此，往往在基金、房产都没有上涨的时候，却有不错的收益。比如，在 2021—2022 年，股票、基金都大幅下跌，而可转债却能收益 30% 以上。

篇幅所限，这里不能对整个系统详细介绍，以后会在其他书籍中进一步说明。在此只简略介绍该系统的有效性，至少有两点需要说明，可以助力家庭财务健康。

第一，这个系统可以帮助规避人性的弱点，做好各类资产配置。

普通投资者面对市场波动时，很容易感到恐慌和迷茫。比如，不知道何时该投资、何时撤回资金，也不知道撤回的资金用来做什么。或者，股市里有了收益后，不清楚该不该继续投资，何时去投资。而有了这套系统，就会很从容。比如，在 2021 年初，我果断卖掉部分房产和股票基金，成功卖在较高的价格，而这也来自系统的执行。随后，又将撤回的资金投资到可转债，2021—2022 年，可转债收益 30% 多。

简单来说，这个系统可以告诉投资者什么时候买，什么时候卖，什么时候加仓，什么时候在各个资产配置中调配资金，等等。这样，就可以避免因为情绪波动而作出错误的决策。

第二，这个系统可以帮助投资者防范"黑天鹅"事件，应对意外状况。

"黑天鹅"在投资领域里特指突发事件或意外事件，可能对市场和投资产生巨大的冲击。例如，突如其来的难以预测且不平常的事件就是一个"黑天鹅"事件，导致市场暴跌。但是，如果投资者有了系统，就可以事先做好应对措施，及时提醒大家为购买可转债做准备，以应对市场的不确定性。

同时，在出现突发状况时，极短的时间内能够有资金补仓，也是因为有完整的理财系统，"家中的粮草"充足。这样，就能够从"黑天鹅"事件中获得收益。当投资者很好地应对了人性的弱点和"黑天鹅"事件，按照操作系统进行投资，获得高概率的收益便是自然而然的结果。因此，这个系统可以帮助投资者更加稳健和高效地进行理财。

可转债是以上家庭理财系统的一部分，要将可转债做得更好，离不开系统其他元素的支撑。投资者需要不断学习和适应，不断完善和优化系统。这个过程是持续的，而成功的投资者要保持谦虚和开放的心态，不断追求知识和智慧的积累。

无论是新手投资者还是经验丰富的专业人士，都应当将系统化的思维作为核心能力之一。通过深入学习、实践和与他人交流，投资者能够不断提升自己的理财能力，为实现财务目标创造更多成功的机会。

如果说博弈游戏是让投资者调整自己的角色，学会角色定位，那么利用规则就是告诉投资者如何做事。而操作系统，就是前两者的整合，让投资者借助一套可执行的系统，顺利达到成功投资的目标。投资成功来自实打实的原则，也来自看起来有点儿虚的三个相信，虚实结合，助力投资者更轻松理财，实现财务自由。

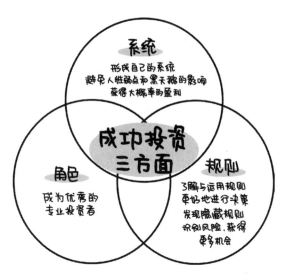

图 7.5　持续成功投资的关键要素

　　说到这里，本书内容就要结束了。每个人都可以投资两样东西：第一是资产；第二是时间。本书主要介绍投资资产获得财富的技巧，然而这一切都需要投资时间去深入学习和落地。你，且只有你，才有权决定这本书对你的最终效果。囫囵吞枣，然后放下，可能会节约时间，但实际浪费了未来更多的时间和机会。继续把时间用来深入学习、落地，看起来你会花更多的时间，但实际是在做时间的投资。最终，你的投资效率会得到提升。未来，你可以用 20% 的时间来赚钱，80% 的时间用来关注健康和关系。

　　也可以选择将这些知识与你的孩子和亲戚分享，这可能成为家族财商传承的启蒙，帮助他们更好地立足这个世界。

　　相信你能运用好资产和时间的投资来实现财务自由，并享受幸福美好的人生。

本章小贴士

在本章中，学习了树立正确的投资理财思维。

首先，需要建立信念。相信自己、相信教练、相信规律。自信是成功投资的基础，相信教练则是学习的最有效方式，相信规律则能找到投资成功的关键要素。

其次，成功投资的关键来自三个方面：

第一，需要找到自己的投资角色，成为一名优秀的专业投资者。

第二，需要掌握规则尤其是发现隐藏的规则，这是专业投资者的法宝。了解和运用规则，能够帮助投资者更好地进行投资决策，而隐藏的规则能帮助投资者发现更多的机会和识别风险。

第三，需要形成自己的操作系统，避免人性弱点和"黑天鹅"事件给投资带来的影响，并获得高概率的收益。

通过学习投资理财的系统思维，可以增加投资者在投资领域中取得成功的机会。同时，也希望投资者将本书的理论更好地深入学习和实践，创造财务自由的幸福人生。

附录 A　实践故事

　　壹到拾学堂，自 2019 年成立以来，仅 4 年时间，已超过 7 万人参加了财商知识的学习。加入低风险理财系统学习的伙伴，由第一年的 50 人到如今已超过万人。这个数字还在不断增长中。更令人欣喜的是，这些人不仅在财富方面收获颇丰，同时在内在成长和家庭关系方面也有显著提升。来自全国的学员，拥有不同的职业和家庭背景，他们当中有专业投资人、企业主、资深职场人、"海归"、教师、医务工作者、全职宝妈……他们中有 20 世纪 90 年代第一批的资深老股民，但更多的是理财新手。

　　他们因壹到拾而结缘，他们有一个共同的身份——幸福公式（幸福 ＝ 健康 ＋ 关系 ＋ 财富）的践行者！从中受益的学员们，自发自愿地分享自身的经历、感悟和收获给身边的朋友们和社群内的同行者，于是，越来越多的人加入财商传播的行列，助力壹到拾学堂的使命达成：让人们内在丰盛、外在富足。

命杰

福州，原地产运营从业者

"70后"理工男，失业一年后发现了财务自由的秘密

我是杰哥，坐标福州，出生于农村家庭，是村里出类拔萃的好学生，考上大学土木工程专业。1999年毕业后，进入人人羡慕的设计单位工作，成为建筑结构设计工程师。2009年，我成功转型房地产管理，依靠行业红利和自身努力，一步步升职加薪，曾感觉这就是完美人生。2020年，诸多房地产公司面临严重困境。2021年初，公司沟通裁员，我断臂求生，选择离开。当时的我意识到：并不是所有的坚持都能成功，有时候也要学会拐弯。当看清旧趋势的时候，就要果断转身去寻找新的机遇。而向优秀者学习，就是最好的捷径。

这些年来，我负责养家，夫人尝试各种学习、各类投资，但始终没有找到合适的家庭理财系统。从2006年开始，先后尝试过炒股、定投基金、黄金期货……赚过也亏过。2021年，她报名壹到拾学习。我认为投资理财专业性太强，普通人几乎不可能在投资上获利，反而会前仆后继成为"韭菜"。为了不至于酿成灾难，我旁听了壹到拾的课程，决定以理工男严谨的学习态度钻研，力争把控风险。出乎意料的是，我所有的质疑都得到了满意答案。就这样，夫人的盈利成了我的学费，夫妻一同学习。

我和夫人学习提升并服务他人。更幸运的是，我们找到了快乐、优势、有意义三圈交集的使命所在，这就是亲子财商教育。

这两年，我有了更多的时间陪伴两个孩子，特别是小宝，他看到我学习、分享、服务……10 岁的他耳濡目染，阅读过《小狗钱钱》后，很喜欢讨论财商话题。

2023 年春节，小宝问我，他每年有多少压岁钱。我说大概每年有四五千元吧。他掐指一算："10 年了，我应该有四五万元压岁钱了。爸爸，我的钱能变成我的鹅，帮我生金蛋吗？我想跟《小狗钱钱》的主人公吉娅学习理财。"我说："当然可以。"于是，我带着他一起规划了压岁钱的财富蓝图。于是，这张规划蓝图（见图附录 A.1）就刷屏了。

小宝百万富娃规划蓝图

年龄	阶段	年份	期初本金	当年新增	理财总额	收益率	期末总额	复盘
10	小学	2022	4.00	0.5	4.50	11%	5.00	已达成
11		2023	5.00	0.5	5.50	10%	6.04	
12		2024	6.04	0.5	6.54	10%	7.20	
13	中学	2025	7.20	1.00	8.20	10%	9.02	
14		2026	9.02	1.00	10.02	10%	11.02	
15		2027	11.02	1.00	12.02	10%	13.22	
16		2028	13.22	1.00	14.22	10%	15.65	
17		2028	15.65	1.00	16.65	10%	18.31	
18		2028	18.31	1.00	19.31	10%	21.24	
19	大学 4年	2031	21.24	2.00	23.24	10%	25.56	
20		2032	25.56	2.00	27.56	10%	30.32	
21		2033	30.32	2.00	32.32	10%	35.55	
22		2034	35.55	2.00	37.55	10%	41.31	
23	工作 前期	2035	41.31	3.00	44.31	10%	48.74	
24		2036	48.74	3.00	51.74	10%	56.91	
25		2037	56.91	3.00	59.91	10%	65.90	
26		2038	65.9	3.00	68.90	10%	75.80	
27	成家 立业	2039	75.8	5.00	80.80	10%	88.87	
28		2040	88.87	5.00	93.87	10%	103.26	
29		2041	103.26	5.00	108.26	10%	119.09	
30		2042	119.09	5.00	124.09	10%	136.50	
31		2043	136.5	5.00	141.50	10%	155.65	

图附录 A.1　小宝规划蓝图

按此规划，每年用压岁钱增加投资，让复利奔跑。每年做一次结算，让孩子们提升财商思维，有路径有方法。30 岁之前实现财富梦。如果适当再增加本金，或者收益率再提高，大概率会在大学毕业后提前实现财务自由。

有了这张财富蓝图，大宝小宝从此改变了消费观、价值观，学业更有动力。正所谓父母没有的，给不了孩子；父母不会的，教不了孩子。有人说，因为我有孩子，所以我不富裕；有人说，因为我有孩子，所以我要变得更富有。我们不是传承财富，而是传承让孩子自己获得财富的思维。我常跟孩子们说，要不断学习，敢于尝试，低成本试错没有关系。试错的成本可以很高，也可以很低，学习就是最低、最安全的试错机会。我和夫人付费学习的状态常被孩子看见，孩子看到父母这么努力，他们也不由自主地加倍努力。学习财商后你会发现，原本只想要一棵树，却意外收获了一整片森林。

蔡子

上海，专业投资人

美国注册财务策划师

创业、投资、考证一样不落，奔赴财务自由

弹指一挥间，从创业、生娃、回归家庭，再到二次创业、转型、系统学习投资，同时成为三宝妈……在不断追寻人生幸福、财务自由路上的这段经历，我特别想讲给你听。

12 年前，我与先生一同创业。然而，随着二宝的出生，实在难以兼顾，不得已只好将自己拉回到家庭。为了让孩子获得更好的教育，我们购入了一套房产，几乎花掉了所有的积蓄。回归

家庭后，我的收入归零。对于这样的日子，我内心充满了改变的欲望。因为经济是根基，根基不稳，想要全身心陪伴孩子，也难以做到心无旁骛。

2015 年开始，财务自由变成了我人生中的一个重要目标。从那时起，我就一直在追寻实现财务自由的征途中。我曾高分考取管理咨询师、中级经济师；和朋友一起建立运营社群。2019 年，我轻松拿到 RFP 认证（美国注册财务策划师），并两次以班级第一的成绩拿到资产配置实操的结业证书……在追寻财务自由的路上，创业、投资、学习、考证，我一样不落，然而真要实现财务自由，似乎还差了很远。

最早接触可转债是在 2019 年，我看了本可转债书籍。刚好，朋友向我推荐可转债课程，我以为看完书就都懂了，并不打算上课。那时候的我心高气傲：可转债年化收益率百分之十几，感觉太少，总想着如何尽可能地提高收益率。我感觉自己学了很多，行情来的时候单只股票一个月就可以涨百分之几十，对可转债有点看不上。所以，可转债只投入了少量的资金。

"弱小与无知不是生存的障碍，傲慢才是。"股市一个大浪打下来，一个大的回撤，之前的收益就折损了大半。当市场大幅波动进入长期回撤时，我的心态不再那么笃定，心态一旦不稳，操作就更容易失误。在这样的情况下，我选择踏进门来学习。

系统学完课程后，我发现，原来低风险的可转债，搭配基金、高阶课的期权、期货，一样可以获得超 15% 的高收益，而且使用了自动条件单后连盯盘都不用，在股市下跌时同样可以获得持续的现金流。

王军老师给我梳理家庭资产情况后，对我说："资产规划一定要放在投资之前，这就是你投资多年却没实现财务自由的重要原因之一。"

一年后，我投入的本金加了好几倍，对于不同投资品种的搭配和运用已了然于心，在收益率上也有了很大提高。剩下的就交给时间了。敢于放大本金，是基于对系统的相信和笃定，以及对整个逻辑的深度理解。

王建军

北京，20 年老股民

20 多年老股民换频道

1997 年大学毕业后，我供职于某知名国企，收入中等偏上。受同事影响，2001 年初涉股市，刚开始没多少资金，也不懂投资，追逐各种消息、热点新闻炒股。只敢用每个月工资结余投资，有了盈利就请客吃饭，亏钱了也无关痛痒。随着投入资金和经验的增长，我开始一点点见证股市的冰火两重天。

2005—2007 年的大牛市，从 998 点一路狂飙，涨到了 6 124 点，我投入的资金不多，在 2007 年的相对高点卖出时，总体资金实现翻倍。2007—2008 年，股市开始剧烈下跌，从 6 124 点一直跌到了 1 664 点。那时亏得太惨了，身边的同事、朋友都不谈股票了，甚至连账户都懒得打开。

2008 年，我开始接触价值投资方面的书籍，到处听关于投资方面的讲座。我坚信价值投资是一条康庄大道，逐步投入比较多的资金，但中间起起伏伏，并没有获得确定性的收益。

直到 2016 年，我开始分账户打新股，才慢慢有了比较稳定的收益。

2018 年，由于中美贸易争端，迎来了 A 股历史上第二次大熊市。2019—2021 年打新收益也严重下滑。股市调整剧烈，我的压力非常大。

在股海沉浮 20 多年后，我的切身感受是：在股市上追求稳定盈利实在太难了。尤其是在下跌的行情下，会让人心力交瘁，严重影响身心健康。

2022 年 3 月，就在我对价值投资从怀疑到失望，被股市折磨得死去活来的时候，时来运转，幸运的我遇到了王军老师，遇到了可转债。

2023 年初，A 股市场迎来了开门红。我持有的其中一只可转债，于 1 月 3 日起飞，达到每张 140 元的价格，触发条件单自动卖出 6 000 张。1 月 5 日，从高点下探触发回落条件单，卖出剩余的 2 000 张，总收益 16 万元多。我的经验就是"源于信任，敢于重仓"。严格按照王军老师课程的筛选条件、买入和卖出策略操作，就这么简单！

说实话，要达到"敢于重仓"的状态也非易事，我觉得可能大部分人都会经历下面三个阶段：

第一阶段是知道。这个阶段主要是听课，潜心听课，理解课程的投资理念、策略、方法和具体操作步骤。如果不明白，就多听几遍，多在陪伴社群里提问互动。需要提醒的是，"资深"老股民需要保持空杯心态，重要的不是接受新观念，而是摆脱旧事物的束缚。

第二阶段是相信。实践操作中，很难真正做到知行合一，往往是持有的可转债涨的时候就相信，跌的时候就不太相信，而碰到连续的调整下跌，就开始怀疑、心态变差。要时刻提醒自己，做一名长期主义者。坚决摒弃过度关注短期市场的习惯。实际上，持有的每只可转债都会"熟"的，只是时间上有快有慢。要静下心来，静等花开。

第三阶段是信任。这个阶段，不能回到过去，不能违反系统的要求。比如，某只可转债我采用了策略三卖出，但比例变成了3:1，现在回头看，还是格局不够，如果按照1:1操作，收益会更高。

知道、相信、信任，三个阶段循序渐进，逐步提升。实践过程中，可能会有反复，但最终都会在市场中达到稳定盈利的境界。

Grace

上海，大数据分析师

美国 TOP70 大学 MBA 和统计学双硕士

50 万元扔进保险里，只因为想"省事儿"

大家好，我是 Grace，是一名世界 500 强企业的营销大数据分析师，我和我老公都是"海归"，我是美国 TOP70 大学 MBA 和统计学双硕士。

我平时工作特别忙，为了省事儿，就买了 50 多万元的年金险和年缴几万元的重疾险，还有当下各大银行一些零零碎碎的理财产品。另一方面，我有房子和车位在收租，100 多平方米的房子就只能租 2 000 多元，年化收益就 1.4%。20 万元买入的车位，除去物业管理费，年化收益才 1%。在加入壹到拾之前，以上综合理财收益大概不到 3%。

我开始系统学习并研究历史数据，之后按照教练说的构建了基金和可转债的杠铃式配置。另外，我还把家庭保险进行了优化，其中我三岁女儿的保险大概每年省 2 000 多元。在此提醒，保险优化尽量提早做。保守估计，这个成熟的投资系统理财年化收益 10% 不是很难。

学习并做好了相关投资配置后，我有三个感想：

（1）理财带来生活的松弛感。被动收入可以覆盖生活支出，就是在完全没有主业收入的情况下，也可以正常生活。人到中年，生活压力、工作压力、职业发展等，这些压力其实挺大的。但是当我发现有稳定收益后，我的精神压力就没有那么大了，我有底气。哪怕我的主业有一天坍塌了，即使在这种极端情况下，我依然有一份来自理财渠道的被动收入。

（2）省心省力的理财方式。把家庭理财架构搭建好，省心省力。建完仓后，可转债和基金借助 App 中的条件单自动化处理，买入、卖出，定投、打新……要操心的事特别少，每天 5 分钟就足够，所以不会占用很多时间。

（3）它是个闭环系统。我很喜欢研究数字和逻辑，根据我的职业惯性，站在中立的角度看待这套理财系统，很可贵的地方就在于它的全面性：不是单独谈保险、房产、证券、杠杆资源……而是把它们整合成一套系统，环环相扣，稳打稳扎，收益还不错。

淑瑾

厦门，教育领域

投资成功的秘诀是什么

我在教育领域。收入稳定，这也意味着，如果开销增加而收入依然稳定，结余就会越来越少。事实也如此，没理财之前我和先生每月收入所剩无几。而日常工作是一轮又一轮地面对教育和学习任务，根本没时间兼职副业，那么该如何增加收入呢？

为此，我从 2016 年开始走上了付费学习的道路。2020 年接触到壹到拾理财系统，然后逐步加大资金投入。这期间可转债为我带来不低的收益。那么，我是如何做到的呢？

按照筛选条件，2020 年 10 月 30 日，我选了 10 只可转债。2022 年 6 月 24 日全部卖出，总共持有 401 天，近 14 个月。当时建仓后一个月，整个可转债市场大幅下跌，到达了第一个加仓点，自动加仓。2021 年 2 月 8 日第 2 次自动加仓，这个时间点，差不多是当时整个转债市场的最低点。但我不懂，只是软件早已设定好条件单，让它自动加仓。2021年7月到2022年3月，陆陆续续有新资金进来，咨询过王军教练，他建议在原有的基础上补仓，总共补仓了5次，总投入金额17万元，平均价格才105元。计划按照策略三，分两批卖出。2022年6月23日，第一批按既定目标价卖出一半，价格才111元左右。后面意想不到大涨，于是第二批成交价竟然是190元，收益率也上来了，我感到非常意外！而且加仓了那么多次，两次卖出，交易手续费才35元。如果是股票，交易费大概要五六百元。

其中一只可转债从建仓后一路下跌，后来缓慢爬坡，上涨速度非常慢，表现不好。我心里有纳闷过、怀疑过，这只可转债到底值不值得持有啊？可转债的平均寿命是两年半，我已经持有快两年了，我相信它快要到爆发期了。结果，就在我上班完全没看行情时，它突然爆发，触发条件单自动卖出了。

这两年来，我被动收入远超过我的主动收入，实现初级版的财务自由。我们的时间非常宝贵，如果能用不盯盘的方式投资，那就能腾出更多的时间做更有意义的事情。

琳莉

杭州，10年大厂人

辞职后，靠什么养活自己

我是个普通的"80后"，2009年毕业加入大厂，从此开启了加班又加班的 10 年职场生涯。刚入职的几年，月薪仅够养活自己，为了省几十元的打车费，凌晨下班，跑着赶最后一趟公交车，再挤上人齐再走的小面包车，一次和司机聊到工作的辛苦，竟情不自禁泪如雨下。

"但问耕耘，莫问收获。"我虽不是业绩领跑者，但踏实肯干负责的工作态度最终得到同事和领导的认可。

2015 年结婚，次年生女，因公司的加班模式，无法顾及家庭照顾幼小的孩子，只得求助长辈来帮我照看小孩。孩子人生的最初两三年，几乎都是和姥姥一起度过的。夜深人静时，我常不断反问自己，人生是否还有其他的选择和可能，但又无数次否定自己，哪有鱼和熊掌兼得的好事。

后来发生了一件事，彻底打击了我。抚养我长大的奶奶，在老家摔跤骨折，住院急救，爸妈为了不影响我工作，没有把情况说得很严重。又正值团队高强度冲业务，我没好意思请假，过了忙碌阶段之后，才回老家看望。当看到奶奶卧床不能自理的样子，我的心中满满愧疚。都说努力工作是为了更好的生活，可这是我想要的生活吗？还是我的方向错了？我想寻求一个答案。

2020 年初，我终于决定辞职，并且下定决心要好好学理财，增加我的被动收入，拓宽我的收入渠道。那时，理财学习已经成了我的刚需。大半年时间，我不断学习壹到拾的理财系统，可转债、基金、打新……当年的 11 月，卖出的可转债收益颇丰！

随着可转债不断卖出，2015 年就开始研究股票的先生，也越来越支持我。辞职后，我有更多的时间陪伴女儿成长，而且在我的影响下，才上幼儿园大班的她已经有了一定的财商思维。

2017 年，我爸妈卖了一套住房。卖房的钱就是存银行，一年期的利率跑不赢通货膨胀。我的账户有了被动收入后，我给他们也开了证券账户，帮助他们打理钱财。每次有大额卖出收益，我都会在家庭群发喜悦红包，能收获父母的鼓励，这让我很是欢喜。

回望我自己的这段历程，其实一切美好都是从下定决心学习开始的。

更多学员代表

阿牛

北京，数学、金融双学士

通信行业从事销售和财务管理

避开"投资黑洞"

系统学习投资理财前，我的投资是一直摸索一直亏。

基金，市面上的网红基金买了个遍，最多的时候持有 12 只，平均亏损 49%；

银行理财，1 年到期后，收益率不到 2%；

互联网银行存款，前几年还是很不错的，收益率也有 5%，现在没了。

壹到拾的可转债课程，我考察的三个点：

（1）不是赚快钱，从 3～5 年的区间看，平均每年 10% 以上收益率，稳妥安全。

（2）下有债底，上不封顶，低风险才有高收益。

（3）实操落地，不是空有理论，有整套的底层逻辑支撑，不预测、只应对，基于历史数据和规律来，非常契合我的专业。

远芳

辽宁沈阳

企业工程师，项目经理

研究生毕业后十多年，我一直从事数据仿真和管理类项目，在跟随公司跌宕起伏的过程中，我意识到职业危机的逼近。于是，开启了社会学习之路，寻找财富的第二增长曲线。

我学习的目标只有一个：从当下的起点，如何进行资产配置，才有可能获得财务自由。

通过在壹到拾的学习，我一步步增强了信心。

第一，落地快。边学习边实操，课程学完建仓也基本完成了。我在 2021 年 8 月建仓，9 月 9 日我的第一只可转债就自动卖出了。职场努力工作，投资机器自动运行。

第二，确定性强，敢重仓。通过学习，我从一个标准散户，变身为一个懂底层逻辑、有系统规则、有严格仓位控制的投资者。现在，可转债投资占据我整个家庭资产 40% 的比例。这个低风险工具，非常适合普通家庭获取确定性强、低风险的收益。

第三，有社群陪伴。始终保持理性真的太难了！在社群里，互相交流，"不预测，只应对，看赚到的部分，重在执行，赚确定性的钱"这类声音，会有效唤回内心理性的力量。随着理财系统的落地，自己的心态也有了很大的变化。工作还是那份工作，但多一张底牌，就多了一份选择的自由。

董丽

北京，北京睿成教育创始人

世界记忆运动理事会中国区理事

亚太学生记忆锦标赛北京执行主席及总裁判长

创业 14 年，投资过 4 家科创和教育类企业，30 岁时已基本实现不发愁吃喝的生活状态。我有自己热衷的事业，23 年来一直专注研究高效学习、提升学习力，投入百万元付费学习诸多领域，不断精进自己。

2020 年，我发现，积蓄放在银行理财的收益，远跑不过通货膨胀的速度，资产贬值、财富缩水，而人生必需的投资理财技能，自己却从未涉足。

2021 年 8 月，第一次听王军老师讲家庭资产配置系统，阅名师无数的我立刻读懂了他。以终为始的系统逻辑、大道至简的教学方法、实操落地的教练体系，还有老师的专业、真诚，这些深深吸引了我，于是我立刻"泡了进来"。

转眼近两年，我学完并实操落地了平台上所有的财富课，低风险可转债、基金、期权、期货等，目前投资标的额不少。

对于未来，因为信任更加笃定，我相信年化收益高不是梦，5 年资产再翻倍更是指日可待！期待一路同行！

泽哥

江苏常州

工程类小企业主

"壹到拾"前的我：创业辛苦，行业又处于衰退期，需要拼尽全力，才能维持现状。工作占据了 90% 以上的时间，陪家人、孩子的时间少得可怜。企业与家庭的资金没有很好隔离，业务量不断增加造成现金流非常紧张，时常处于资金链断裂的边缘，压力大，健康告警。家人跟着担心，夫妻关系紧张，进而影响到了跟孩子的关系。

"壹到拾"后的我：运用财商思维，经过两年的调整，布局好创业、投资两条线，同步发力。面对外部影响、市场环境，轻松应对。找到了自己的天赋热爱，笃定前行。践行幸福公式，成为一个快乐的投资人。陪伴家人，不错过孩子成长的每个瞬间。

笑虹

上海，日企员工

我是土生土长的上海人，父母从小教育我：好好学习，找一份好工作，靠劳动勤勤恳恳地挣钱。在日企工作十几年，行事风格严谨的我，在 2021 年 9 月之前从未跟理财产生过任何关联。在我的认知里：理财是有钱人做的事；理财很难，我这个对数字不敏感的人，大概率是学不会的；理财风险很大，万一理亏了，我承担不起。

直到在某个线下课程中认识了王军老师，有机会了解到他的低风险理财系统。五项基本规则让我清晰了可转债之所以低风险的底层逻辑；筛选实操几乎是傻瓜式操作，落地性非常强；还有买入和卖出策略以及日常操作的清晰指导，使得我这个小白学习完课程后，也能毫无障碍地开启投资之旅。

学习近两年，已陆续卖出可转债 17 只，内心越来越笃定。

陈梅

深圳，玫琳凯经销商

我出生在湖北农村，结婚生娃后，来到广东打工，第一份工作月薪只有 500 元。我和老公都很上进，2017 年我们用攒了十多年的积蓄买了房。从底层打工人干起，能在深圳安家立业，我很满足。天有不测风云，2022 年 7 月，老公失业了，每月要还房贷，加上生活各种开支一分不少，上有父母要赡养，下有儿女要抚养，我这个过去一夜酣睡到天亮的人也开始焦虑失眠了。中年危机，就这么猝不及防地来了。

老公失业这件事警醒了我：只有单一的收入，手停口停，面对一点儿动荡就不堪一击。正在迷茫时，我遇见了壹到拾，开始学习理财。我担心自己听不懂学不会，毕竟我是个纯小白。没想到的是，在听了王军老师的课后，很快我在 2022 年 12 月建仓，买入 10 只可转债。

2 月 14 日，我的可转债卖出两只，本金 8 000 多元，持有仅两个月时间，盈利 1 500 多元。这是我人生第一份被动收入。当我运动完拿起手机，看到钱到账，兴奋得跳了起来。按操作系统，不用盯盘、每天三分钟看一眼账户，这种轻松高效的理财方式，让我真切地感受到了理财的魅力。第一笔被动收入，就是我情人节最好的礼物。

从那以后，我再也不乱买东西了，因为我知道，我可以给钱宝宝找一份工作，它会带着更多钱宝宝回来。我已经有半年没买新衣服了，过去的我简直不敢相信，这就是认知带来行为的改变。

附录 B　常见问题答疑

一、市面上介绍可转债投资的方法很多，该如何选择？

财经网站上推荐的各种策略，就像自助餐厅里的各种美食，你可以每种都尝一口。但如果你的目标只是吃饱饭，那你需要的就只是健康、适合自己口味的菜品。同样的道理，你只需要找到一个适合你的投资策略，让它与你的整个家庭投资系统相互配合。搭配可转债与基金定投，实现东方不亮西方亮的杠铃式配置。所以，别让自己在投资策略的自助餐厅里迷失方向，而是选择能让你的投资系统更高效的策略。

二、何时是投资可转债合适的时机？

当可转债的价格看起来很高时，适合买入吗？实际上，它还可能更高！只要符合买入策略，就可以买入。最忌讳就是，当价格处于中间位置时犹豫不决，等价格涨到很高时，开始感到恐慌和贪婪，急忙买入，成了高位"接盘侠"。

人性中的贪婪和恐惧很难避免，大众投资者往往靠感觉或情绪投资。所以，投资者需要一个良好的系统来辅助投资。举个例子：2018 年市场在低点的时候，传闻满天飞，说要去杠杆，要贸易谈判，让人们觉得最好别做投资。此时，如果没有投资系统的引导，你当时敢不敢决定投资？而根据系统买入的投资者，后面两年基本都盈利翻倍了。

所以，投资可转债随时都是好时机，一定要依照靠谱的投资系统来执行，而非靠感觉、凭情绪做投资。

三、可转债和股票会不会处于长期不涨的状态？

股市就是国家经济发展的晴雨表，也是上市公司融资和发展产业的重要途径。当股市不景气时，经济会感到焦虑不安。这也是为什么每次市场下跌时，我们会频频看到各种调控和支持措施的出现。举个例子：在 2008 年国际金融危机爆发，各个国家都在救市。因为救市就是救经济，金融市场与各个行业密不可分，与经济的发展有着千丝万缕的联系。

从发达国家和中国股市发展来看，平均每三年到五年就会经历一轮涨跌周期。所以，不要整天吓唬自己，经济稳步前进，股市就会继续发展。

四、投入多少资金比较合适？

这个取决于你的理财能力和心理承受能力。如果你是个新手，推荐用相对保守的做法：将投资总额限制在你年收入的 3 倍以内。比如，你的家庭年收入是 20 万元，那你可以考虑最多投入 60 万元来逐步购买可转债。在极端情况下，你的账户可能会出现 15% 的亏损，也就是 9 万元的损失，这大概相当于你半年的收入。这个亏损范围一般是新手可以接受的极限。当然，亏损承受能力因人而异，就像银行会将投资者分成不同类型，比如稳健型、保守型、积极型或激进型等。你可以根据自己能接受的最大亏损金额来倒推，计算出能投资的最大金额。

随着学习的深入，你的理财能力会提升，心理承受力也会增强。建议你从小额资金开始尝试，同时持续学习和提升自己。慢慢，你会发现自己能够更加从容地面对更大金额的投资，也能保持心态平稳。

五、不敢买、纠结卖，怎么办？

不敢买的心态往往是由于担心所致。有很多方法可以帮助你克服这种心态，其中比较有效的方法是：先用自己可以承受的一小部分资金进行尝试，这样就不会有太大的压力了。一旦开始了，后面的路会变得更加顺畅。对于纠结是否卖出的状态，可以参考第五章卖出策略中关于心态调整的部分。最重要的是不要追求完美，而是要关注自己已经赚到的部分。

六、相对股票，可转债是否赚得太少、太慢？

在股票投资中，一个月赚30%的情况并不少见，但能够持续三年并且每年平均赚30%的情况就比较罕见了。股票投资就像买彩票一样，总有喜讯传出来，但最终还是输多赢少。而相比之下，可转债长期持有能够稳定获得10%～15%的收益，这在理财产品中并不常见。我见过很多人，在股票上亏钱的同时还抱怨可转债每年只能获得10%～15%的收益太少。也许他们投资股票不仅是为了获利，还是为了享受刺激吧。

七、长期持有股票是价值投资，可转债算价值投资吗？

长期投资不一定是有价值的投资，能最终获利才是。价值投资的逻辑是：当前的价格被低估了，未来会有更好的价格。根据定义来看可转债。可转债由优秀公司发行，所以公司本身就相当有价值。而且，在可转债投资这场博弈游戏中，它真正击中了上市公司的要害——公司不想还钱，于是会努力创造价值，让股票变得更有价值。每个公司都得在六年内把自己搞好，这样股价才有可能上涨，可转债也才愿意转股而不用还钱。可转债是价格确定、时间也确定的真正的价值投资！相比之下，有些所谓的价值投资者看好某只股票、某个行业，或者看好未来一段时间的股市行情，但还是不知道什么时候能涨、会不会涨，实际上还是有猜的成分。

所以，普通投资者一定要用好可转债这个难得的投资工具，这可是少有的能跟大股东一起坐在一条船上的机会！其他市面上那些人云亦云的价值投资，真正盈利的不多，亏损的可不少。

八、在投资之路上如何克服人性的弱点？

本书在买入和卖出策略的章节中，已经提到了一些心态调整的技巧，如果觉得自己很难做到，那可以考虑加入线上或线下的学习小组。想象一下，如果和一群人约定每天一起跑步，那么成功的概率一定会大大提高。相反，如果只是想着自己要坚持每天跑步，成功的概率就会低很多。克服人性弱点并不容易，但是当有一群人陪伴在身边时，互相鼓励、互相支持，事情就会变得容易得多。

一个人也许能跑得快，但一群人更容易跑得久。

九、学到了许多知识，却没法成功落地怎么办？

很多人学了很多知识，却无法将其应用于实践，主要原因是选择的东西太多了，导致每个选择只能浅尝辄止。所以，首先需要改变自己的选择习惯，先选择一件事情并持续做下去。既然学了那么多知识却一直没有将其应用于实践，为什么不试试找一件事情坚持下去，也许会有成果呢？

十、"月光"的上班族，如何进行低风险理财？

导致"月光"的原因有很多，其中之一就是缺乏投资的能力。很多"月光族"一旦学会了低风险投资理财后，花钱的习惯也会随之改变。例如，本来想买手机，现在他们会想着将这笔钱先投资理财，等赚到足够的钱再去买手机，从而改变了冲动购物的习惯。于是，投资的金额越来越多，获利也越来越多。

当然，月光族的原因还有很多，比如购买了昂贵但不实用的保险、借了利息高的小额贷款、提前还房贷导致手头紧张等。也有些人只是过着混日子的生活，并没有意识到这个问题。这些都是基本的理财问题，超出了本书的讨论范围。我们将在以后的新书中深入探讨这些问题。

十一、企业主没有固定收入，如何制订低风险投资计划？

收入不固定，恰恰更需要低风险理财。每当你获得一笔新的资金时，将其视为一次新的投资机会。按照买入策略，先使用一半资金进行投资，而另一半资金则等待时机进行补仓。这样，你就能够很好地利用企业不定期的收入进行理财。相比选择其他投资品，可转债是一个更好的选择，因为它不仅收益稳定，而且波动小，更加安全可靠。

十二、大学生想学理财，如何起步？

可以从基础知识开始，了解一些基本的理财概念。阅读一些理财书籍，比如《富爸爸穷爸爸》《财务自由之路》《有钱人和你想的不一样》，或者参加理财课程，提升财商思维和技巧。

实操中要注意五个方面：

（1）制订预算计划。为自己制订一个月度或者季度的预算计划，列出收入支出，合理分配开支，避免盲目浪费。可借助一些理财 App 记录开销。

（2）养成储蓄习惯。可以利用课余时间做一些与自己专业相关的兼职，以增加自己的收入。适当留存部分收入作为储蓄，在毕业初期收入未稳定时可缓解一时的拮据。

（3）开通证券账户。建议尽早开通证券账户开始"养户"，因为很多证券板块的开通，要求 2 年以上交易经验。比如可转债，可转债打新中签只需要缴纳 1 000 元，资金门槛很低，但开通条件之一是 2 年以上股票交易经验。

（4）避免借贷陷阱。避免盲目借贷，特别是高利率的借贷方式。如果必须借贷，应该选择银行或正规的金融机构申请贷款，选择利息较低的借贷方式，并合理安排还款计划。

（5）建立个人信用。建立良好的个人信用记录，这对未来的贷款、租房、申请信用卡等都非常重要。在日常生活中，要保持良好的信用习惯，如按时还款、不逾期等。

十三、一辈子不会理财，会怎么样？

普通人不会理财，往往赚钱的速度慢、方式单一，积蓄增值也慢，容易踩坑。高收入人群也不例外，比如很多运动员，年轻时收入高，但因为缺乏理财思维，容易奢侈消费，挥霍无度。退役后落下一身伤，收入骤降，收入支持不了其高额消费，日子越过越穷。这样的案例比比皆是。还有不少动迁户，因为不懂得怎么管理金钱，在巨额财富面前迷失自己，挥霍完后日子过得比动迁前还要难。

反观很多会理财的普通人，因为具备投资理财的能力，靠着自己前期的财富积累，提前布局，做好证券和创业类投资，很快实现资产增值，从而实现财务自由，甚至还能传承财富给下一代。对于一辈子终将要面对的现实问题，早学会更好。

十四、攒到多少钱才能开始理财？

攒钱本身就是理财的一部分。如果不了解基本的理财知识，没有被动收入，也不知道如何明智地花钱，很容易成为月光族，根本攒不住钱。记住，你不理财，财不理你。这是事实。本书介绍了可转债这种投资方式，参与可转债打新只需要1 000元。然后，就可以积少成多，让储蓄不断增长，利用复利效应让资金像滚雪球越滚越多。

十五、工作几年后有些积蓄，先买车还是先理财？

如果没有特别迫切的需求，建议先进行理财投资，然后再用投资收益去购买车辆或进行其他消费。这是我当年的做法。刚开始工作时，我攒了一些钱，选择先购买了房产。然而，我身边的一些朋友选择先买车。但是当我准备购买第二套改善型房产时，他们却还在为第一套房子的首付发愁。

他们之前购买车辆耗尽了他们的储蓄，而之后车辆的各种费用又耗费了他们的未来储蓄。因此，尽管他们工作了很多年，却凑不齐房子的首付，而我则利用理财收益自由旅行和享受生活。

很多人购买车辆往往只是为了面子和高消费，但他们可能并不知道，新车刚开出去，价值就下降了80%。过了一个星期新鲜劲也就消失殆尽。所以，你打算做出怎样的选择呢？记住，权衡利弊并作出明智的决策！

十六、普通人如何理财，才能不踩坑？

踩坑的主要原因往往是缺乏足够的认知，就像在黑夜里走路，很容易踩到污水坑一样，这是很正常的。所以，想要在理财路上不踩坑，第一步就是学习理财，跟会理财的人学习，提升认知水平，掌握相关技巧，最终形成属于自己的低风险理财投资系统。

十七、健全、高效的家庭理财系统需要哪些配置？

家庭要能够实现被动收入的提升、资产的增值，并获得财务保障。同时，也要投入的时间少、容易操作，实现轻松理财。具体如何配置可以在本书的第七章中查阅。

十八、买入可转债后，一直没有涨怎么办？

市场是无法一直盈利的，所以不能预测，只应对市场的变化。当投资者购买可转债后，可以等待市场行情上涨以获取利润，或者在下跌时补仓。如果可转债的有息负债率、评级或强制赎回状态发生变化，那就进行置换。否则，可以继续持有，等待达到卖出策略来获取利润。可转债的投资周期一般为 1 ~ 3 年，根据历史数据显示，自 1992 年开始发行第一只可转债以来，每年的平均收益率超过 10%，有些年份甚至达到 20% ~ 30%。但是，需要耐心等待。

十九、股市大跌时，可转债会跌得很惨吗?

如果出现大跌，比如 2015 年、2018 年的情况，可转债的价格确实会跌到 80 元以下。但是，可转债有债底保护，并且可以下调转股价，所以通常情况下投资者不需要过于担心大跌。如果大跌，反而可能是投资的好机会。不过，在购买可转债时，投资者要避免购买高价的可转债，严格按照策略操作，以确保整体风险可控。其他就交给时间，耐心等待，风雨过后的市场往往会带来丰厚的回报。

后　记

"功成不必是我，功成一定有我"

我是壹到拾学堂创始人王军，现居上海。作为一名实战派理财规划师，我通过十年如一日地系统学习钻研，持续在投资理财领域深耕，在市场的狂风巨浪中不断磨砺成长，总结出一套轻松、高效且适合普通家庭的投资理财系统。这套系统让我在三年里实现了家庭财务自由，过上了自己想要的人生。

我深知：做投资理财，想要实现财务自由的初衷，是不被金钱的压力所禁锢，是为了拥有选择的自由，做自己想做的事情，追求更高远的人生理想。希望有更多的人能和我一样，可以过自己梦寐以求的人生。

所以，2019 年 5 月，我创建了"壹到拾学堂"，现带领一万多名普通投资者，一起走向财务自由之路。

一、成果：创建低风险理财系统

2009 年至 2012 年，通过广泛学习、不断探索，初步构建一套理财系统。依照这个系统进行投资理财，2013 年我赚取了第一桶金，这一年我的理财收益率达到 20% 以上。后来，不断进行投资系统完善，最终形成"低风险理财系统"的完整框架，其中包括房产、股票基金、债券、信用投资等内容。

2022 年底，我十年的平均投资理财收益率超过 30%。

这套低风险理财系统的核心价值在于：依托投资的底层逻辑，遵循经济周期规律，对投资品进行杠铃式配置，重视复利效应，低风险运行实现收益倍增。

2019 年开始，我把这套投资系统分享给更多人。四年多的实践证明：我可以在 30 天内，教会普通人掌握年收益超 10% 的理财技能。

目前已经有超过 7 万人参与学习，而紧跟课程系统进行实操的伙伴，近四年实际理财年收益远超 10%。

二、回顾：追寻财务自由的经历

20 世纪 80 年代，我出生在一个普通的工人家庭，父母性格淳朴敦厚，安分守己地做人做事，安安稳稳过一份生活，没有大富大贵，还算平平安安。我继承了父母身上淳朴务实的品格。

【少年有梦】

读高中时，出于强烈的正义感滋生了想当警察的愿望：以后我要维护社会的公平正义。所以，在填写高考志愿时，我自己只选了一所大学：中国刑事警察学院。这是中国培养刑警的大学，要求很高，竞争非常激烈。尽管心里没底，但仍十分执着。最后，在父亲的劝说下，我增加了一个志愿：皖南医学院，但只填了法医专业，且不接受专业调剂。目的很明确，就是进入公安系统工作。最终，我与中国刑警学院擦肩而过，到皖南医学院读了5年法医。大学毕业后，我仍然希望进入公安系统工作。于是到全国各地参加公务员考试，终于如愿成为一名人民警察。我一直有一个信念：梦想总是要有的，坚持行动，说不定就能实现！

【经历挫折】

2004年，我正式开始了公务员的职业生涯。那时的自己简直就是"春风得意马蹄疾"，奔赴在实现梦想的路上，工作紧张而充实。当时公务员的工资并不高，每月只有2 000多元，但我还是努力存钱，将有限的结余存入银行。母亲告诉我，要存定期，因为利息高，这就是我仅有的理财启蒙吧。

时间来到2007年，我和女朋友打算在工作地买房结婚。等我们去了解房地产市场，才发现这两年房价飙升，涨幅超过了我的预期，超过了我财富积累的速度。最终不得不向父母求助，才凑够首付，买了一套普通的二手房，如果买新房就没有钱装修了。这件事带给我深刻的反思：读了这么多年书，好不容易大学毕业，考上了公务员，却连房子的首付都付不起，还要面临还月供的压力。这也让我意识到：仅靠工资，生活压力会越来越大，未来可能连小家都照顾不好，更别提反哺父母。从此，我在努力工作的同时，开始考虑赚钱的多种可能性。

作为家里的顶梁柱，父母的依靠，妻子的港湾，首先就要解决缺钱的问题。但我不能用任何旁门左道去挣钱。我给自己立下规矩：要用正确的路径去堂堂正正地挣钱，改善家庭经济现状。

公务员无法做兼职工作，创业更不行。而证券投资，是常见的合法合规的挣钱方式。

于是想赚钱的我没有经过任何学习和准备，就一头扎进了股市。道听途说的结果必然是惨不忍睹：2007—2008 年两年时间，亏损了 80% 的本金。那时的我陷入了恐慌，因为这些钱本来是留着结婚、养育孩子的。

【财务自由】

欣慰的是，家人不但没有怪罪，还一如既往地支持我、鼓励我，并建议我不要盲目投资，而应该去深入学习。我从 2009 年开始利用业余时间学习房产、证券等领域的专业知识。所谓"家和万事兴，地和五谷丰，天和风雨顺"，如果没有家人的全力支持，我很难取得今天的丰硕成果。

学习起步阶段并不容易。考虑到支付能力，我当时学的多是免费课程，最大问题是价值不高；而付费学习成本很高，动辄就是几万元甚至更高，虽然参加了一些高收费的学习，也并没有取到真经。一路学习踩了无数的坑，走了无数的弯路。我慢慢悟出一个道理：掌握一个新领域的技能，必须了解其底层逻辑。我用了整整三年的时间投入各种学习、研究，反复实操验证，功夫不负有心人，到 2012 年底最终形成了较为完整的投资理财系统。回望这段经历，我特别理解那些希望通过学习改变现状的人，深知付出大量努力却不得要领的苦楚。

2013 年，我实现了基础版的财务自由，理财收入超过家庭开支。2015 年，我实现了理财版的财务自由。基础版的财务自由是指被动收入大于支出。而理财版的财务自由，涉及两个重要指标：其一，可投资资金大于 20 倍年支出；其二，投资平均年化收益率 10% 以上。这样年被动收入就相当于 20 倍年支出 × 10% 收益率 = 2 倍年支出。也就是即使不再工作，只靠理财收益，除去生活支出，每年还能有节余。需要说明的是，为什么两个指标需要同时满足？第一点，可投资资金大于 20 倍年支出，是指需要有一定的资金积累，应对不时之需；第二点，平均年化收益率 10% 以上，才能在跑赢通胀之余有盈余。

这是值得庆贺的时刻，我满心喜悦，告诉自己再也不用为钱的事发愁了。有人问过我一个问题：当你赚到这些钱的时候，你内心有担心恐惧吗？害怕这些钱哪一天又会亏掉吗？我仔细想了一想，诚实地回答："没，真的没有！"我的内心很笃定：赚来的这些钱肯定是属于我的，我是有系统地投资，并不是投机；并且，靠这套系统，以后还能持续获利。

【收获平衡】

2015 年起，我确实实现了财务自由，只是这背后也付出了很大的代价：财务是自由了，时间上并没有自由。因为耗时费力的投资方式，对着手机电脑盯盘、查数据，身心时刻处于紧张之中，我患上了严重失眠症，免疫系统也出了问题。更糟糕的是，平日里除了完成岗位工作，业余时间不是在学习，就是关注各种市场动态，使得自己对家庭的关注渐少，与家人的关系也变得疏离。

我开始全面审视自己：虽然解决了财富问题，个人的健康和家庭的幸福却没有明显改观，财务自由的意义又在哪里？我确信自己不仅需要财务自由，更需要身体健康、家庭和睦。于是我开始调整理财系统，更加关注低风险理财，在保持一定收益的同时，尽可能在投资上少花时间。之后的几年，我又在身心健康、时间管理、亲密关系以及家庭教育等方面投入时间深度学习。

到2019年，我在健康、关系和财富三方面得到了极大的提升，获得了平衡，内在能量更加充足。同时，我也找到了自己的幸福公式：幸福 = 健康 + 关系 + 财富。

三、迭代的梦想

在自己健康、关系、财富得到整体平衡后，积攒了新的势能，更大的梦想在我心里生根发芽。

【初创团队】

在一路的学习过程中，我发现很多人都深受财务问题的困扰，很想帮助他们。于是，2019年5月，我建立了学习社群，分享我的理财经验。经过两三个月的运行，形成了12人的初创团队，开始团队运营，这就是壹到拾学堂的雏形。

第一年，我们的线上社群只招募到50个伙伴，但到第二年就有800多人加入了系统学习。之前数年的投资理财让我实现了个人财务自由，但只是我自己实现了财务自由。而现在，看着越来越多伙伴实现10%的年收益，为获得幸福生活打下了坚实的物质基础，这种成人达己的成就感让我感到更快乐、更有意义。

【正式辞职】

2021年，我下定决心离职，全身心投入财商教育。我也曾经无数次犹豫过，更有来自家中长辈的担心。他们怕我丢了"饭碗"，会改变我的生活。但在与上千位伙伴一对一沟通的过程中，我了解到很多人因为缺乏财商知识，陷入了人生的困境，我想帮助更多人走出这样的困境。最终，我依依不舍但又很坚定地向单位申请离职，离开了我工作 18 年的公务员岗位，开启新的人生旅程。

【当下成果】

四年多时间里，已有超过 5 万人参加了壹到拾学堂各类课程的学习，其中完整学习低风险理财系统的伙伴已超过 5 000 人，这个数字仍在持续增长。

目前，壹到拾学堂已逐步形成自己的品牌，受到越来越多人的关注和认可。学堂中的课程内容深入浅出、有趣易懂，帮助更多人避免盲目投资、跟风炒作等冒险行为，实现长期规划、理性投资。

同时，壹到拾学堂建立起互助社群，彼此分享经验，互相陪伴、学习实践。在市场出现波动时，仍能拥有轻松稳定的心态。我坚信：用正确的方法理财，大家相互陪伴，克服贪婪和恐惧的人性弱点，就能获得比较确定性的收益，通过复利效应的加持，实现财富增长。

社群的不断裂变壮大也促进我个人不断成长，我的梦想也在不断迭代。财富不是生活的全部，我更享受和伙伴们一起践行幸福公式：幸福 = 健康 + 关系 + 财富。有朋友问我为什么叫壹到拾这个名字，我是这样回答的：健康是壹，有了健康才有一切；良好关系，需要一个人与一群人友爱地在一起；财富增长，是持续从壹到拾的过程，并反复进行复制。

四、未来的展望

随着学堂伙伴队伍的日益壮大，我们有了更大的梦想：希望能够促进更多的财商教育；希望财商教育普及。

我们开始集体学习考取理财规划师资格，打造实战型的理财教练体系，培养出一个又一个和我一样有梦想、有情怀、有担当的理财教练，为更多人提供优质服务，一起普及财商教育。

在未来，我将和我的团队一起携手奋进、砥砺前行！我们有信心将壹到拾发展成一个更专业、更优秀的财商品牌，让更多人受益。

时至今日，更大的梦想正日渐成型：壹到拾学堂将培养 1 万名实战型的理财规划师，助力更多家庭提升财商。

这个梦想在我心底生根发芽、茁壮成长。我想说的是："功成不必是我，功成一定有我！"

王 军

2024 年 5 月

致　谢

　　本书的诞生，是我多年财商教育经验的结晶，更是团队智慧和努力的成果。从课程的构思设计到书籍的撰写修订，每一步都凝聚了众多合作伙伴和学员们的智慧与汗水。

　　非常感谢梁天航、张青、秋叶、关健明四位专家、老师，你们在阅读本书初稿后提供了宝贵的指导意见，还专门为本书撰写了推荐语。这是对本书内容的信任，也是对本书阅读的解析，相信能够给读者朋友们参考。

　　感谢在写作和校对中给予我巨大帮助的伙伴们。你们的专业精神和热情参与，让这本书得以去芜存菁，打磨成一部通俗易懂、精练实用的作品。感谢高光侠、顾建萍、郭蕾、王美娟、任惠娟、沈丽红、王慧、刘玉贞、彭丽雅、陈婷、朱晓红、张静玉、彭雪春、张晓萍、王华琴、杨周佳、董兰兰、谢莎、尚华格、赵育轩、于春虎、唐慧芳，你们对文字的精准把控，确保了书籍的质量。感谢黄珂ke为本书精心绘制的插图。感谢吴毅祯、付岚，你们精心收集的问题，帮助我更好地理解读者的需求。感谢郭蕾、臧雷、雷晓筱、戴洁琼、张静宇，你们的创意和才华，为书籍增色不少。感谢沈丽红、吴毅祯、唐慧芳，你们在背后的组织协调，是本书顺利出版的重要保障。

我还要感谢在各自领域里独树一帜的专业伙伴们，你们不仅提供了丰富的素材，还引领学员们实践，因你们在各自领域的影响力，使得书中的每一个案例都显得生动而真实，极大地增强了书籍的实用价值和启发性，感谢徐亚萍、牛红元、谭珠珠、夏玉赞、立哥、唐慧芳、石头麻麻、李若祥、吴谋俊、王欧阳、徐建萍、缪琳莉、珍妮、欧阳艳梅、吴竹青、衣明芳、魏惠娟、林春华、范冰、张永妹、蔡子、张晓丽、梁玉淑、军娜、王芬、张宇峰、命杰、贺春平、琳云、胡淑君、赖淑瑾、王雪芳、侯秀青、蓝姮娥、刘春珍、孙立娟、林淑霞、钟华英、吴鹏、李琳、小吴、陈洁梅、马平、青松、蔡冬军、静好、王川方、黄婷婷、潘碧松、闻宣、刘长秀、吕闻宇、季其志、高烨、卢筱红、王春山、刘琼、舒阳、于骄洋、苏苏、游春华、大顺、方红、余先娥、魏博、许多、庆艳、周丽娜、李亚芳、梁婧、徐宁、杜长虹、李丽梅、木木幸福、徐维佳、方波妮、黄义、蔡茉莉、周月英、陈小华、张家香、董丽、王建军、杨清清、琳千、秦瑶、于晓宁、笑虹、余纯枝、菅洛祥＆仇美玲、李新巧、杨玉洁、宋君花、蒋婉叶、王伟霞、季从泽、杨少佳、韦辉、吕光、大牛、李瑞敏、康振芹、木卡、朱小颖、大饼、解红芳、梁子、蕙慈、李慧蓉、冉春灵、沐恬、黄珂、陈倩、张道武、马继海、万芳、章九龙、汪艳霞、韦育娟、谭艳坤、赵育轩、张远芳、seven、陈梅、黄丽、晔鼎、辛翠、简超平、杨昀顾、许家霖、王瑜、樊秋瑞、邱法寿、郭少恋、陈露玉、吴宗兴、Helen、李燕妮、顾建萍、程丽君、青笃、徐馨悦、罗燕玲、谢紫彤、邓金玉、李云飞、葛静、李媛、羅蘭、张建姣、真珠、陈文灵、谭晓萍、宁俊红、孙阳、马兰兰、周明霞、Mak老麦、张润华、杨雪贞、薛媛元、龚玲、杨瑛、漫棋、朱融融、华乐、LILY陈丽、吉祥叔叔、刘玉贞、王梅、卢静韵、田超、周明月、燕平、晴天呀、陈荟文、智富、张媛媛、冯莉、丽纳、陈丽、闻倬、李雪梅、张通衡、蒙细梅、莉香、付岚、钟鸣、郭伟进、张翠玲、宋爱琴、聂虹、辉姐的觉醒、赵辉、郭晓慧、郑萍、陈剑萍、马玉莲、赵贵宝、御风、金慧子、孙凤玉、都华、蔡意灵、小雪、西梅、王成娟、程厚华、陈贞江、傅国秀、张扬、黄炳勇、张采凤、刘振能、许晓红、陳梓綺、葛丹玲、张丽辉、肖雅贞、蒋小妹、微笑小夕、朱谊舒、桑巍、孙文凤、朱湘、周观华、张晓萍、李新萍、温少丹、魏增光、蛋花姐、徐铭璐、清欢、项凯、张明君、徐岩、金贵梅、丘鲜、阮狄红、王瑛、尚华格、王玲、石丽、林淑芳、李峡。

感谢壹到拾学堂的初创团队：琳千、夏玉赞、陈杜娟、董小清、张道武、华乐、南汇钦、林春华、蔡冬军、胡淑君、王军娜、余慧、李梦斯，你们不仅为本书提供了最初的专业素材，还带领着初期学习的伙伴们取得了实实在在的成果。从零到壹的旅程虽然充满挑战，但正是有了你们的陪伴和努力，我们才能共同走过这段艰难而宝贵的时光。

请接受我最诚挚的感谢和最深的敬意。你们的名字和贡献，将永远铭记在我的心间，以及本书的每一个字里行间。

当然，家人的持续支持是我不可或缺的力量。我要特别感谢我的父母，你们不仅给予了我生命，还为我播下财商启蒙的种子，引领我踏上通往财务自由的旅程。对于我的爱人，我同样充满感激，感谢你在投资和写作的征途上给予我源源不断的鼓励和支持，让我能够不断深入探索和分享知识。

我的两个女儿也在我们财商游戏互动中，为我带来了无尽的灵感和快乐。特别值得一提的是我的大女儿，她不仅陪伴我成长，还为我们的财商学习平台赋予了一个美妙的名字——壹到拾学堂。这个名字寓意着壹到拾的学习伙伴和他们的财富将不断积累，从壹到拾，步步高升。在此，我想把这份美好的祝福传递给每一位读者：愿你们的学识和财富随着时间的积累，日益丰盛和富足。愿你们在追求财务自由的道路上，不断前行，收获满满。

王　军

2024 年 5 月